农民培训精品教材

农作物绿色优质高产栽培
与病虫害统防统治

于　卿　李红梅　高子燕　王红静　刘爱云　主编

U0271907

中国农业科学技术出版社

图书在版编目（CIP）数据

农作物绿色优质高产栽培与病虫害统防统治／于卿
等主编．--北京：中国农业科学技术出版社，2024.7.
ISBN 978-7-5116-6923-0

Ⅰ．S31；S435

中国国家版本馆 CIP 数据核字第 2024P1X590 号

责任编辑	白姗姗
责任校对	李向荣
责任印制	姜义伟　王思文

出　版　者	中国农业科学技术出版社
	北京市中关村南大街 12 号　　邮编：100081
电　　　话	（010）82106638（编辑室）　　（010）82106624（发行部）
	（010）82109709（读者服务部）
网　　　址	https://castp.caas.cn
经　销　者	各地新华书店
印　刷　者	鸿博睿特（天津）印刷科技有限公司
开　　　本	140 mm×203 mm　1/32
印　　　张	5
字　　　数	125 千字
版　　　次	2024 年 7 月第 1 版　2024 年 7 月第 1 次印刷
定　　　价	39.80 元

《农作物绿色优质高产栽培
与病虫害统防统治》
编 委 会

前　言

　　农作物绿色优质高产栽培与病虫害统防统治是现代农业发展的客观要求，是保障粮食生产稳定发展、农产品质量安全、农业生态环境安全和农业生产者安全的有效手段，是推进农药减量控害增效的重要抓手。

　　全书共九章，包括小麦、玉米、水稻、甘薯、马铃薯、花生、油菜、大豆、小杂粮绿色优质高产栽培及病虫害统防统治等内容。本书体现了知识性、科学性、实用性、可读性和可操作性的特色，可供广大农民群众、农村干部、基层农业科技工作者及管理人员阅读、参考。

　　由于编者水平有限，加之编写时间紧迫，书中错误之处在所难免，恳请广大读者、同行与专家给予指正，并请提出宝贵意见和建议。

编　者
2024 年 5 月

目　　录

第一章　小　麦

第一节　品种选择与种子处理

一、良种选择

良种是小麦生产最基本的生产资料之一，包括优良品种和优良种子两个方面。使用高质量良种是使小麦生产达到高产、稳产、优质和高效目标的重要手段。优良品种在一定自然条件和生产条件下，能够发挥潜力获得高产，当自然条件和生产条件改变了，优良品种也要做相应的改变。选用良种必须根据品种特性、自然条件和生产水平，因地制宜。既要考虑品种的丰产性、抗逆性和适应性，又要防止用种的单一性。一般在品种布局上，应选用2~3个品种，以一个品种为主（当家品种），其他品种搭配种植，这样既可以防止因自然灾害而造成的损失，又便于调剂劳力和安排农活。

二、种子精选与种子处理

（一）种子精选

在选用优良品种的前提下，种子质量的好坏直接关系出苗与生长整齐度，以及病虫草害的传播蔓延等问题，对产量有很大影响。实施大面积小麦生产，必须保证种子的饱满度好、均匀度高，这就要求必须精选种子。精选种子一般应从种子田开始。

（1）建立种子田。种子田就是良种供应繁殖田。良种繁殖田所用的种子必须是经过提纯复壮的原种，使其保持良种的优良种性，包括良种的特征特性、抗逆能力和丰产性等。种子田收获前还应进行严格的去杂去劣，保证种子的纯度。

（2）精选种子。对种子田收获的种子要进行严格的精选。目前精选种子主要是通过风选、筛选、泥水选种、精选机械选种等方法，通过种子精选可以清除杂质、瘪粒、不完全粒、病粒及杂草种子，以保证种子的粒大、饱满、整齐，提高种子发芽率、发芽势和田间成苗率，有利于培育壮苗。

（二）种子处理

小麦播种前为了促使种子发芽出苗整齐、早发快长以及防治病虫害，还要进行种子处理。种子处理包括播前晒种、药剂拌种和种子包衣等。

（1）播前晒种。晒种一般在播种前 2~3d，选晴天晒 1~2d。晒种可以促进种子的呼吸作用，提高种皮的通透性，加速种子的生理成熟过程，打破种子的休眠期，提高种子的发芽率和发芽势，消灭种子携带的病菌，使种子出苗整齐。

（2）药剂拌种。药剂拌种是防治病虫害的主要措施之一。生产上常用的小麦拌种剂有 50%辛硫磷，使用量为每 10kg 种子 20mL；2%立克锈，使用量为每 10kg 种子 10~20g；15%三唑酮，使用量为每 10kg 种子 20g。可防治地下害虫和小麦病害。

（3）种子包衣。把杀虫剂、杀菌剂、微肥、植物生长调节剂等通过科学配方复配，加入适量溶剂制成糊状，然后利用机械均匀搅拌后涂在种子上，称为包衣。包衣后的种子晾干后即可播种。使用包衣种子省时、省工、成本低、成苗率高，有利于培育壮苗，增产比较显著。一般可直接从市场购买包衣种子。生产规模和用种较大的农场也可自己包衣，可用 2.5%适乐时作小麦种子包衣的药剂，使用量为每 10kg 种子拌药10~20mL。

第二节　肥水管理与基肥施用

一、小麦的灌溉

灌溉时期根据小麦不同生育时期对土壤水分的不同要求来掌握。一般出苗至返青，要求在田间最大持水量的 75%～80%，低于 55% 则出苗困难，低于 35% 则不能出苗。拔节至抽穗，营养生长与生殖生长同时进行，器官大量形成，气温上升较快，对水分反应极为敏感，该期适宜的田间持水量为 70%～90%，低于 60% 时会引起分蘖成穗与穗粒数的下降，对产量影响很大。开花至成熟，宜保持土壤水分不低于 70%，有利于灌浆增重，低于 70% 易造成干旱逼熟，导致粒重降低。为了维持土壤的适宜水分，应及时灌水，一般生产中常年补充灌溉 4～5 次（底墒水、越冬水、拔节水、孕穗水、灌浆水），每次每公顷灌水量 600～750m³。一般灌溉方式均采用节水灌溉，节水灌溉是在最大限度地利用自然降水资源的条件下，实行关键期定额补充灌溉。

二、小麦生产中基肥的施用

在研究和掌握小麦需肥规律和施肥量与产量关系的基础上，依据当地的气候、土壤、品种、栽培措施等实际情况，确定小麦肥料的运筹技术，提高肥料利用效率。根据肥料施用的时间和目的不同，可将小麦肥料划分为基肥（底肥）和追肥。基肥可以提供小麦整个生育期对养分的需要，对于促进麦苗早发、冬前培育壮苗、增加有效分蘖和壮秆大穗具有重要的作用。基肥的种类、数量和施用方法直接影响基肥的肥效。

（一）基肥的种类与施用量

（1）基肥的种类。基肥以有机肥、磷肥、钾肥和微肥为主，速效氮肥为辅。有机肥具有肥源广、成本低、养分全、肥效缓、有机质含量高、能改良土壤理化特性等优点，对各类土壤和不同作物都有良好的增产作用。因此，在施用基肥时应坚持增施有机肥，并与化肥搭配使用。

（2）基肥的用量。基肥使用量要根据土壤基础肥力和产量水平而定。一般麦田每亩*施优质有机肥 5 000kg 以上，纯氮（N）9~11kg（折合尿素 20~25kg），纯磷（P_2O_5）6~8kg（折合过磷酸钙 50~60kg 或磷酸二铵 20~22kg），纯钾（K_2O）9~11kg（折合氯化钾 18~22.5kg），硫酸锌 1~1.5kg（隔年施用），推广应用腐植酸生态肥和有机无机复合肥，或每亩施三元复合肥（N、P_2O_5、K_2O 含量分别为 20%、13%、12%）50kg。大量小麦肥料试验证明，土壤基础肥力较低和中低产水平的麦田，要适当加大基肥使用量，速效氮肥基肥与追肥用量之比以 7：3 为宜；土壤基础肥力较高和高产水平的麦田，要适当减少基肥使用量，速效氮肥的基肥与追肥用量之比以 6：4（或 5：5）为宜。

（二）小麦生产的基肥施用技术

小麦基肥施用技术包括将基肥撒施于地表后立即耕翻和将基肥施于垄沟内边施肥边耕翻等方法。对于土壤质地偏黏、保肥性能强、又无灌水条件的麦田，可将全部肥料一次施作基肥，俗称"一炮轰"。具体方法是，把全量的有机肥、2/3 氮、磷、钾化肥撒施地表后，立即深耕，耕后将余下的肥料撒到垄头上，再随即耙入土中。对于保肥性能差的沙土或水浇地，可采用重施基肥、巧施追肥的分次施肥方法，即把 2/3 的氮肥和全部的磷钾肥、有机肥作为基肥，其余氮肥作为追肥。微肥可作基肥，也可拌种。作基肥时，由于用量少，很难撒施均匀，可将其与细土掺和后撒施于地表，随耕入土。用锌、锰肥拌种

---

* 1 亩 ≈ 667m^2。

时，每千克种子用硫酸锌 2~6g、硫酸锰 0.5~1g，拌种后随即播种。

第三节　"一喷三防"技术

小麦"一喷三防"是在小麦生长中后期防治病害、虫害以及提高抗逆性的一项重要技术措施。

一、"一喷三防"技术原理

1. 高效利用，养根护叶

高纯磷酸二氢钾等叶面肥直接进行根外喷施，植株吸收快，养分损失少，肥料利用率高，健株效果好。可以快速高效起到养根护叶的作用。

2. 改善条件，抗逆防衰

喷施"一喷三防"混配液可以增加麦田株间的空气湿度，改善田间小气候，增加植株组织含水率，降低叶片蒸腾强度，提高植株保水能力，可以抵抗干热风危害，防止后期植株青枯早衰。

3. 抗病防虫，减轻为害

叶面喷施杀菌剂，可以产生抑制性或抗性物质，阻止锈病、白粉病、纹枯病、赤霉病等病原菌的侵入，抑制病害的发展蔓延，减少上述各种病害造成的损失。叶面喷施杀虫剂，农药迅速进入植株体内，可以通过蚜虫、吸浆虫等刺吸式害虫吸食植株或籽粒中的汁液，毒死害虫，有些农药同时对害虫有触杀和熏蒸作用，通过喷药直接杀死害虫，从而降低虫口密度或彻底消灭害虫，以防止或减轻害虫对小麦生产造成的损失。

4. 延长灌浆，提高粒重

喷施植物生长调剂后，可以延缓根系衰老，促进根系活力，保持小麦灌浆期根系的吸收功能。减少叶片水分蒸发，避免出现因干热风造成植株大量失水而导致青枯早衰的现象。促使小麦叶片的叶绿素含量提高，延长叶片功能期，延缓植株衰老，促进叶片强光合作用，增强碳水化合物的积累和转化，促进籽粒灌浆，提高粒重，增加产量。

二、"一喷三防"技术要点

"一喷三防"的喷施时期是在小麦抽穗开始至灌浆期。这一时期的病害主要有白粉病、锈病、纹枯病、赤霉病等。防治小麦锈病、白粉病的主要农药有三唑酮、烯唑醇、戊唑醇、氟环唑、己唑醇、腈菌唑、丙环唑等。防治赤霉病的药剂主要有氰烯菌酯、烯肟·多菌灵、戊唑醇、咪鲜胺、多菌灵等。

第一次"一喷三防"：在小麦抽穗期，当田间病株率达 10% 时，可第一次用药，正常情况下在小麦齐穗后第一次喷药。

第二次"一喷三防"：在扬花初期（10%）（注意不要在小麦扬花盛期用药）。

第三次"一喷三防"：发病较重的麦田，距第二次用药后 7~10d 进行第三次用药。每次喷药后，如遇到连续阴雨天气，可在 5~7d 后，补喷 1 次。

第四节　田间管理

一、苗期管理

（一）苗期的生育特点与调控目标

冬小麦苗期有年前（出苗至越冬）和年后（返青至起身前）两个阶段。这两个阶段的特点是以长叶、长根、长蘖的营养生长为中心，时间长达 150 余天。出苗至越冬阶段的调控目标是：在保证全苗基础上，促苗早发，促根增蘖，安全越冬，达到预期产量的壮苗指标。一般壮苗的特点是，单株同伸关系正常，叶色适度。冬性品种，主茎叶片要达到 7~8 叶，4~5 个分蘖，8~10 条次生根；半冬性品种，主茎叶片要达到 6~7 叶，3~4 个分蘖，6~8 条次生根；春性品种，主茎叶片要达到 5~6 叶，2~3 个分蘖，4~6 条次生根。群体要求，冬前总茎数为成穗数的 1.5~2 倍，常规栽培下为 1 050 万~1 350 万/hm²，叶面积指数 1 左右。返青至起身阶段的调控目标是：早返青，早生新根、新蘖，叶色葱绿，长势苗壮，单株分蘖敦实，根系发达。群体总茎数达 1 350 万~1 650 万/hm²，叶面积指数 2 左右。

（二）苗期管理措施

1. 查苗补苗，疏苗补缺，破除板结

小麦齐苗后要及时查苗，如有缺苗断垄，应催芽补种或疏密补缺，出苗前遇雨应及时松土破除板结。

2. 灌冬水

越冬前灌水是北方冬麦区水分管理的重要措施，保护麦苗安全越冬，并为早春小麦生长创造良好的条件。浇水时间在日平均气温稳定在 3~4℃时，水分夜冻昼消利于下渗，防止积水结冰，造成窒息死苗，如果土壤含水量高而麦苗弱小可以不浇。

3. 耙压保墒防寒

广大丘陵旱地麦田，在小麦入冬停止生长前及时进行耙压覆沟（播种沟），壅土盖蘖保根，结合镇压，以利于安全越冬。水浇地如果地面有裂缝，造成失墒严重时，越冬期间需适时耙压。

4. 返青管理

麦区返青时须顶凌耙压，起到保墒与促进麦苗早发稳长的目的。一般已浇越冬水的麦田或土壤墒情好的麦田，不宜浇返青水，待墒情适宜时锄划；缺肥黄苗田可趁春季解冻"返浆"之机开沟追肥；底墒不足的麦田可浇返青水。

5. 异常苗情的管理

异常苗情，一般指僵苗、小老苗、黄苗、旺苗。僵苗指生长停滞，长期停留在某一个叶龄期，不分蘖，不发根。小老苗指生长出一定数量的叶片和分蘖后，生长缓慢，叶片短小，分蘖同伸关系被破坏。形成以上两种麦苗的原因是：土壤板结，透气不良，土层薄，肥力差或磷、钾养分严重缺乏，可疏松表土，破除板结，结合灌水，开沟补施磷、钾肥。对生长过旺麦苗及早镇压，控制肥水，对地力差，由于早播形成的旺苗，要加强管理，防止早衰。因欠墒或缺肥造成的黄苗，酌情补肥水。

二、中期管理

(一) 中期生育特点与调控目标

小麦生长中期是指起身、拔节至抽穗前，该阶段的生长特点是根、茎、叶等营养器官与小穗、小花等生殖器官的分化、生长、建成同时进行。在这个阶段由于器官建成的多向性，小麦生长速度快，生物量骤增，带来了群体与个体的矛盾，以及整个群体生长与栽培环境的矛盾，形成了错综复杂、互相影响的关系。这个阶段的管理不仅直接影响穗数、粒数的形成，而且也将关系中后期群体和个体的稳健生长与产量形成。这个阶段的栽培管理目标是：根据苗情适时、适量地运用肥水管理措施，协调地上部与地下部、营养器官与生殖器官、群体与个体的生长关系，促进分蘖两极分化，创造合理的群体结构，实现秆壮、穗齐、穗大，并为后期生长奠定良好基础。

（二）中期管理措施

（1）起身期。小麦基部节间开始伸长，麦苗由匍匐转为直立，故称为起身期。起身后生长加速，而此时正值早春，是风大、蒸发量大的缺水季节，水分调控显得十分重要。若水分管理适宜可提高分蘖成穗和穗层整齐度，促进3、4、5节伸长，促使腰叶、旗叶与倒二叶的增大，还可提高穗粒数。对群体较小、苗弱的麦田，要适当提早施起身肥、浇起身水，提高成穗率；但对旺苗、群体过大的麦田，要控制肥水，在第一节刚露出地面1cm时进行镇压，深中耕切断浮根，也可喷洒多效唑或壮丰胺等生长延缓剂，这些措施可以促进分蘖两极分化，改善群体下部透光条件，防止过早封垄而发生倒伏；对一般生长水平的麦田，在起身期浇水施肥，追氮肥施入总量的1/3~1/2；旱地在麦田起身期要进行中耕除草、防旱保墒。

（2）拔节期。此期结实器官加速分化，茎节加速生长，要因苗管理。在起身期追过肥水的麦田，只要生长正常，拔节肥水可适当偏晚，在第一节定长、第二节伸长的时期进行；对旺苗及壮苗也要推迟拔节肥水；对弱苗及中等麦田，应适时施用拔节肥水，促进弱苗转化；旱地的拔节前后正是小麦红蜘蛛为害高峰期，要及时防治，同时要做好吸浆虫的掏土检查与预防工作。

（3）孕穗期。小麦旗叶抽出后就进入孕穗期，此期是小麦一生叶面积最大、幼穗处于四分体分化、小花向两极分化的需水临界期，又正值温度骤然升高、空气十分干燥，土壤水分处于亏缺期（旱地）。此时水分需求量不仅大，而且要求及时灌溉，生产上往往由于延误浇水，造成较明显的减产。因此，旺苗田、高产壮苗田，以及独秆栽培的麦田，要在孕穗前及时浇水。在孕穗期追肥，要因苗而异，起身拔节已追肥的可不施，麦叶发黄、氮素不足及株型矮小的麦田可适量追施氮肥。

三、后期管理

（一）后期生育特点与调控目标

后期指从抽穗开花到灌浆成熟的这段时期，此期的生育特点是以籽粒形成为中心，完成小麦的开花受精、养分运输、籽粒灌浆和产量的形成。抽穗后，根茎叶基本停止生长，生长中心转为籽粒发育。据研究，小麦籽粒产量的70%~80%来自抽穗后的光合产物累积，其中旗叶及穗下节是主要光合器官，增加粒重的作用最大。因此，该阶段的调控目标是：保持根系活力，延长叶片功能期，抗灾、防病虫害，防止早衰与贪青晚熟，促进光合产物向籽粒运转、增加粒重。

（二）后期管理措施

（1）浇好灌浆水。抽穗至成熟耗水量占总耗水量的1/3以上，每公顷日耗水量达35m³左右。经测定，在抽穗期，土壤（黏土）含水量为17.4%的比含水量为15.8%的旗叶光合强度高28.7%。在灌浆期，土壤含水量为18%的比含水量为10%的光合强度高6倍；茎秆含水量降至60%以下时灌浆速度非常缓慢；籽粒含水量降至35%以下时灌浆停止。因此，应在开花后15d左右即灌浆高峰前及时浇好灌浆水，同时注意掌握灌水时间和灌水量，以防倒伏。

（2）叶面喷肥。小麦生长的后期仍需保持一定营养供应水平，延长叶片功能与根系活力。如果脱肥会引起早衰，造成灌浆强度提早下降，后期氮素过多，碳氮比例失调，易贪青晚熟，叶病与蚜虫为害也较严重。对抽穗期叶色转淡，氮、磷、钾供应不足的麦田，用2%~3%尿素溶液，或用0.3%~0.4%磷酸二氢钾溶液，每公顷使用750~900L进行叶面喷施，可增加千粒重。

（3）防治病虫害。后期白粉病、锈病、蚜虫、黏虫、吸浆虫等都是导致粒重下降的重要因素，应及时进行防治。

第五节　病虫害统防统治

一、白粉病

（一）症状

白粉病在小麦的整个生长周期内都可发病，在成熟期和抽穗期发病概率相对较高。在染病后，小麦的光合作用会受到明显影响，进而导致籽粒质量下降，养分缺失又会使小麦植株出现干枯，严重时还会死亡，使小麦的产量大幅度缩减。小麦植株在染病后，染病部位会出现较多的黄色病斑，并且在扩散后会变为椭圆状，并且在其表面会出现白色粉末状的霉菌，随病情发展而变化为灰白色病菌分生孢子。从白粉病的发病过程来看，它和环境温度与湿度有很大关系。此外，如果田间氮肥施加量过多也会引发该病出现。

（二）防治

在小麦播种前，要对种子进行全面筛选和处理，选择抗病性和抗逆性较好的品种，并做好消毒拌种工作。在小麦生长过程中，要对肥料施加量严格管控，可以根据情况适当增施磷肥和钾肥，对氮肥施加要严格管控，不可过多，同时在小麦出苗后要合理控制植株密度，密度不可过大，保持植株间有良好的通风性和透光性，提高抗倒伏能力。此外，在选择药剂防治时，可以在播种前使用 30% 的三唑酮可湿性粉剂进行拌种，对于已染病的植株可以使用 20% 三唑酮 $1\,650g/hm^2$ 喷雾防治，在白粉病的流行性阶段，务必要做好田间监测工作，及时开展预防措施，可以在 4—5 月使用 25% 的三唑酮可湿性粉剂 1 200 倍液（或 25% 的环丙唑乳油 1 500 倍液）以喷雾形式进行预防，要注意的是，同一地块不可长期使用一种药剂，要交替轮换使用不同的防治药剂，避免病害出现耐药性。

二、叶锈病

(一) 症状

小麦叶锈病主要集中发生在叶片部位，对叶片的为害最为严重，会造成小麦光合作用受阻，养分输送困难。在发病的初期阶段，小麦叶片表面会出现红褐色的病斑，病斑在经过一段时间扩散后，叶片的背面会出现孢子堆。叶锈病的病菌在萌生后会出现芽管，经过叶片气孔会直接侵入到叶片内部，从而使叶子反复染病。从叶锈病的发病过程来看，它的发生也与田间环境的温度与湿度有很大关系，湿度过大会增加该病发病率。

(二) 防治

首先，在播种时要选择合适的时间，可以根据地区情况适当推迟播种时间，目的是尽可能避开叶锈病高发期，同时在小麦种植后要合理控制田间温度和湿度，尤其是在夏季多雨天气，要及时排除田间多余积水；其次，在叶锈病发生后，要根据病情，选择使用25%的三唑酮乳油100倍液以喷洒的形式进行防治，药物喷洒要每间隔10d进行1次，连续喷施至少2~3次。

三、赤霉病

(一) 症状

赤霉病也是小麦常见病害之一，其病菌的致病能力非常强，而且具有较快的扩散速度，病菌也可以在染病植株残体中越冬生存，翌年又可以复发。春季，赤霉病病菌会出现子囊壳，子囊壳在成熟后会散发出大量的分生孢子，这些孢子会在外部气流作用下进行传播扩散，由染病部位扩散到穗部。从其发病过程来看，它的出现和地区气候因素、品种等有很大关系。

（二）防治

首先，要选择抗病能力强的小麦品种，增强小麦植株的抗病性，并且在整地时要适当深翻，将土壤土层中的潜在病菌翻到地表，破坏病菌滋生环境，这样利于小麦根部下扎；其次，做好田间秸秆处理工作，在小麦收获后将秸秆进行粉碎还田，还田的过程中施加腐熟剂，加快秸秆腐熟，减少病菌源数量；最后，合理施肥，严格控制氮肥、磷肥、钾肥的使用比例，小麦播种深度要控制在 3~5cm，不可过深。

四、纹枯病

（一）症状

主要发生在小麦叶鞘和茎秆上，拔节后症状明显。发病初期，在近地表的叶鞘上产生周围褐色、中央淡褐色至灰白色的梭形病斑，后逐渐扩大扩展至茎秆上且颜色变深，重病株茎基 1~2 节变黑甚至腐烂，常造成早期死亡。小麦生长中后期，叶鞘上的病斑常形成云纹状花纹，病斑无规则，严重时可包围全叶鞘，使叶鞘及叶片早枯；在病部的叶鞘及茎秆之间，有时可见到一些白色菌丝状物，空气潮湿时上面初期散生土黄色至黄褐色霉状小团，后逐渐变褐；形成圆形或近圆形颗粒状物，即病菌的菌核。

（二）防治

（1）选用抗病品种。

（2）适时适量播种，不要过早播种或播量过大。

（3）加强管理，合理施肥、浇水和及时中耕，促使麦苗健壮生长和创造不利于纹枯病发生的条件。

（4）药剂防治。于小麦拔节后每亩用5%井冈霉素水剂100~150mL或15%粉锈宁粉剂65~100g，或12.5%烯唑醇可湿性粉剂60g，兑水60~75kg喷雾（注意尽量将药液喷到麦株茎基部）。

五、全蚀病

（一）症状

小麦全蚀病又称小麦立枯病、黑脚病。是一种检疫性根部病害，是小麦的重要病害之一，对小麦稳产高产威胁很大。全蚀病还是一种具有较大毁灭性的病害，小麦受害后轻者减产10%~20%，重者减产60%~70%，甚至绝产。田间扩展蔓延，从出现发病中心到造成连片死亡、绝产只需3~5年时间。只侵染麦根和茎基部1~2节。苗期病株矮小，下部黄叶多，种子根和地中茎变成灰黑色，严重时造成麦苗连片枯死。拔节期冬麦病苗返青迟缓、分蘖少，病株根部大部分变黑，在茎基部及叶鞘内侧出现较明显灰黑色菌丝层。抽穗后田间病株成簇或点片状发生早枯白穗，病根变黑，易于拔起。在茎基部表面及叶鞘内布满紧密交织的黑褐色菌丝层，呈"黑脚"状，后颜色加深呈黑膏药状，上密布黑褐色颗粒状子囊壳。该病与小麦其他根腐型病害区别在于种子根和次生根变黑腐败，茎基部生有黑膏药状的菌丝体。

（二）防治

（1）禁止从病区引种，防止病害蔓延。

（2）轮作倒茬。实行稻麦轮作或与棉花、烟草、蔬菜等经济作物轮作，也可改种大豆、油菜、马铃薯等，可明显降低发病。

（3）种植耐病品种如百农矮抗58、周麦22号、周麦24号、淮麦22号等。

（4）增施腐熟有机肥。提倡施用酵素菌沤制的堆肥，采用配方施肥技术，增加土壤根际微态拮抗作用。

（5）药剂防治。提倡用种子重量0.2%的2%立克秀拌种，防效90%左右。严重地块用3%苯醚甲环唑悬浮种衣剂（华丹）80mL，兑水100~150mL，拌10~12.5kg麦种，晾干后即可播种也可贮藏再播种。小麦播种后20~30d，每亩使用15%三唑酮（粉锈宁）可湿性粉剂150~200g兑水60L，顺垄喷洒，翌年返青期再喷1次，可有效控制全蚀病为害，并可兼治白粉病和锈病。

六、蚜虫

（一）症状

蚜虫主要集中发生在小麦的茎、叶、穗等部位，小麦生长在进入拔节抽穗阶段后，蚜虫发生率较高。

蚜虫发生部位会出现较多浅黄色斑点，严重时整个叶片会发黄且整株枯死。

（二）防治

首先，在秋季小麦收获后要及时对种植土壤进行深翻，并且入冬前进行一次水灌溉，消灭土壤中的虫卵，并将田间的杂草清理，破坏蚜虫滋生环境；其次，选择合适的时间进行播种，并保证植株间密度合理，施肥时要科学合理，加强田间管理；最后，可以根据虫害情况每亩使用50%的辟蚜雾可湿性粉剂10g，混合清水50~60kg进行喷雾防治。

七、吸浆虫

（一）症状

吸浆虫可以以幼虫的体态潜伏在小麦颖壳内对麦粒汁进行吸食，会使小麦出现空壳和秕粒现象，导致小麦产量缩减，轻者会减产 20%~50%，严重会导致颗粒无收。吸浆虫的虫体较小，具有一定的隐蔽性，给防治增加了困难。

（二）防治

吸浆虫的蛹期是防治的关键时期。首先，要选择抗虫性强的品种，种植地块要合理轮作，可以和棉花、油菜等农作物进行轮作；其次，每亩使用50%的辛硫磷乳油150mL，混合清水5kg喷施在干土上制成毒土，均匀撒在地表，可以杀死虫蛹。

第六节　机收减损及贮藏

一、机收减损

（一）机具准备

小麦联合收割机存在一年中使用时间短、闲置时间长的情况，行走、转向、收割、输送、清选、卸粮等机构的运转，各零件之间的配合间隙，传动带、张紧轮的松紧度，轮胎气压，各摩擦面的润滑，油料是否充足等情况都会发生细微变化。因此，在麦收开始前，要依据产品说明书对小麦联合收割机进行全方位的检查与保养，对重新安装、保养或修理后的小麦联合收割机做好试运转，发现问题及时解决，确保机具在整个收获期间正常工作。

（二）日常保养

每日结束工作后或翌日工作前，要对小麦联合收割机进行日常保养，如清除杂草、麦糠、麦芒等杂物，添加柴油、机油、润滑油、水，保证电瓶电量充足，线路完好，检查调整各配合间隙及松紧度等。

（三）确定适宜收割时间并进行田间试割

小麦宜在茎叶全部变黄、籽粒变硬、呈品种本色、含水率在 22% 左右时收获。选择有代表性的地块进行试割，确定适合的收割速度、收割宽度，确保无漏割、堵草、跑粮等异常情况再收割。小麦品种、田块条件有变化的要重新试割和调试机具。

（四）机收作业规范操作

小麦机收减损环节要因地制宜，根据各种植单元小麦的长势、品种确定收获时间和调整机具参数。选择合适的行走路线、作业速度、作业幅宽。正确调整拨禾轮速度和位置，正确调整脱粒滚筒的转速、清选筛的开度，保证合适的留茬高度。

二、安全贮藏

产品贮藏期间，尤其是在夏季，气温高，湿度大，麦堆易发热、受潮或生虫，所以，在伏天应注意防热、防湿、防虫、防鼠害，以确保安全贮藏。如果贮藏方法不当则易造成霉烂、虫蛀、鼠害、品质变劣等，损失很大。据估算，我国广大农村的粮食贮藏损失为 5% 左右。因此，贮藏技术不容忽视。

收获脱粒后的种子，应当经过夏季高温暴晒，待种子含水率为 12%～13%、牙咬有响脆声时，于 15—16 时趁热（麦堆温度 45～47℃）进仓。这一措施对麦蛾幼虫、甲虫及螨类害虫等有理想的杀灭效果。

第二章 玉 米

第一节 品种选择

品种选择是玉米栽培的基础和前提，直接影响玉米的生长发育、产量和质量。玉米品种繁多，不同品种玉米的生育期、抗逆性、产量、品质等特性各不相同，种植户应根据不同地区的气候、土壤和生态条件，选择适应性强、抗逆性好、产量高、品质优的玉米品种，达到优势互补、高效利用的目的。我国玉米主要分为春玉米、夏玉米和秋玉米三大类，其中春玉米主要分布在东北地区，夏玉米主要分布在黄淮海地区，秋玉米主要分布在西南地区。不同地区的玉米品种选择应考虑以下几个方面。

一、生育期

生育期是指玉米从播种到成熟所需的时间，一般以天数计算。生育期是影响玉米产量的重要因素之一，也是决定玉米播期和轮作方式的依据之一。生育期过长或过短都会影响玉米种植的产量和品质。生育期过长的品种容易受到早霜、旱涝等自然灾害的影响，导致玉米不完全成熟或减产；生育期过短的品种则不能充分利用光热资源，导致光合效率低下，玉米品质下降。

种植户应根据当地的气候条件和生产目标选择适宜的玉米品种。一般来说，春玉米的生育期应在 110~120d，夏玉米的生育期应在 90~100d，秋玉米的生育期应在 120~140d。

二、抗逆性

抗逆性是指玉米在不利环境条件下保持正常生长和高产的能力。抗逆性是影响玉米稳产的重要因素之一，也是提高玉米资源利用效率和扩大种植面积的关键之一。抗逆性包括抗旱、抗涝、抗寒、抗热、抗盐碱等方面的能力。抗逆性强的玉米品种能够适应复杂多变的自然条件，减少因气候异常而造成的损失；抗逆性弱的品种则容易受到不利因素的影响，导致生长受阻或减产。

种植户应根据当地的自然灾害特点和发生频率选择抗逆性强的玉米品种。一般来说，在干旱缺水地区应选择抗旱性强的品种，在低温寒冷地区应选择抗寒性强的品种，在高温炎热地区应选择抗热性强的品种，在盐碱化严重地区应选择抗盐碱性强的品种。

三、产量

玉米的产量是指单位面积内玉米籽粒的重量，是衡量玉米经济效益的重要指标之一。产量受多方面因素综合影响，其中品种是决定产量高低的基础因素之一。不同品种的玉米产量各不相同，有的品种产量高，有的品种产量低，因此在品种选择时应注重其产量特性。

种植户应根据当地的土壤肥力、水资源、管理水平、市场需求等因素选择玉米品种，保障玉米产量稳定。一般来说，土壤肥力较高、水资源充足、管理水平较高的地区可以选择产量较高的玉米品种，以追求较高的经济效益；而土壤肥力较低、水资源有限、管理水平一般的地区则应选择适应性强、稳产性好的玉米品种，以降低风险和保障基本产量。

第二节 播 种

播种是玉米栽培的重要环节，直接影响玉米的出苗、生长和产量。播种时应注意以下几个方面。

一、播期

播期是指玉米从播种到出苗所需的时间，一般以天数计算。播期是影响玉米适应性、生育期和产量的重要因素之一，也是决定玉米轮作方式和区域布局的重要依据。播期过早或过晚都会影响玉米的出苗、生长和产量。

播期过早的品种容易受到低温、干旱等不利因素的影响，导致玉米出苗不良或减产；播期过晚的品种则不能充分利用光热资源，导致玉米生育期缩短或品质下降。

种植户应根据当地的气候条件和生产目标选择适宜的玉米播期。一般来说，春玉米的最佳播期为当地平均气温达到10℃、土壤温度达到8℃且无霜冻危险时；夏玉米的最佳播期为前茬作物收获后，此时应及时进行播种；秋玉米的最佳播期在当地平均气温达到25℃、土壤温度达到20℃且有足够的积温和光照时。

二、播法

播法是指作物在田间的排列方式，涉及行距、株距、穴距、穴深等。播法是影响玉米群体结构、资源利用效率、产量和质量的重要因素之一。不同的播法会导致出现群体密度、光合有效叶面积、根系分布等方面的差异，进而影响玉米的生长发育和抗逆性。

种植户应根据不同品种的特性和不同地区的条件选择合理的玉米播法。一般来说，春玉米和秋玉米可以采用覆膜穴播法或覆膜行播法，以提高土壤温度和水分保持能力，促进出苗和生长；夏玉米可以采用裸地穴播法或裸地行播法，以利于土壤通气和散热，防止高温胁迫。

覆膜穴播法每穴可种 2~3 粒种子，穴距为 30~40cm。

覆膜行播法每行可种 8~10 粒种子，行距为 55~65cm。

裸地穴播法每穴可种 1~2 粒种子，穴距为 25~35cm。

裸地行播法每行可种 6~8 粒种子，行距为 45~55cm。

三、播量

播量是指单位面积内所需的种子数量或重量。播量是影响玉米群体密度、资源利用效率、产量和质量的重要因素之一。品种、地区、年份、目标等都会影响玉米的最佳播量。过多或过少的播量会影响玉米的出苗、生长和产量。过多的播量会导致群体过密，竞争加剧，光合效率降低，病虫害增加，品质下降；过少的播量会导致群体过稀，资源浪费，光合效率降低，产量下降。

种植户应根据不同品种的特性和不同地区的条件确定玉米播量。一般来说，春玉米和秋玉米的播量应在 3 000~4 000 粒/亩，夏玉米的播量应在 2 000~3 000粒/亩。具体播量还应根据种子发芽率、出苗率、保苗率等因素进行调整。

四、播深

播深是指种子在土壤中的埋藏深度。播深是影响玉米出苗、生长和产量的又一重要因素。土壤、气候、品种等都会影响玉米的最佳播深。过深或过浅的播深都会影响玉米的出苗、生长和产量。过深的播深会导致种子吸水不足，发芽缓慢，出苗困难，幼苗弱化；过浅的播深会导致种子易受到风干、鸟啄等损害，发芽不匀，出苗不良，幼苗易倒伏。

种植户应根据土壤、气候、品种等条件确定玉米播深。一般来说，在土壤湿润、肥沃、疏松的情况下，玉米的最佳播深为 3～5cm；在土壤干燥、贫瘠、紧实的情况下，玉米的最佳播深为 5～7cm。具体播深还应根据种子大小、覆膜与否等因素进行调整。

第三节　田间管理

田间管理是指作物从出苗到成熟期间进行的各种农事操作，田间管理是影响玉米生长发育、资源利用效率、产量和质量的重要因素。

一、补苗

补苗是指在玉米出苗后，根据实际出苗情况，对缺苗或多苗的地块进行调整，使群体密度达到最佳水平。

补苗是保证玉米出苗率和群体均匀性的重要措施之一。

不及时或不合理的补苗会影响玉米的出苗质量和产量。

缺苗会导致资源浪费，产量下降；多苗会导致群体过密，竞争加剧，光合效率降低，品质下降。

种植户应根据玉米不同品种的特性和不同地区的条件进行补苗，选择合适的补苗时间和方法。一般来说，在玉米出苗后10～15d 内进行补苗为宜，过早或过晚都会影响补种种子的发芽和幼苗的生长。补种的种子应与原种相同或相近，以免造成品种混杂或生育期差异。

补种方法可以采用人工插秧法或人工穴播法，同时每穴保留 1～2 株壮苗，去除弱苗、小苗、病苗。

二、定苗

玉米的定苗是指在玉米 4～5 叶期，对群体密度进行最后调整，去除多余或不良的植株，使每穴保留 1 株壮苗。定苗是保证玉米群体结构和资源利用效率的重要措施之一。不及时或不合理的定苗会影响玉米的生长发育、产量和质量。不定苗或定苗过晚会导致群体过密，竞争加剧，光合效率降低，病虫害增加，品质下降；定苗过早或定苗过少会导致群体过稀，资源浪费，光合效率降低，产量下降。

种植户应根据不同品种的特性和不同地区的条件选择合适的定苗时间和方法。一般来说，在玉米 4~5 叶期进行定苗为好，定苗过早或过晚都会影响植株的生长和分蘖能力。在定苗方法的选择上，可以采用人工拔除方式或用剪刀剪除多余或不良植株，每穴保留 1 株壮苗，不留双苗或分蘖苗。

三、中耕除草

中耕除草是指在作物生长过程中，利用机械或人工的方式，翻松土壤，清除田间杂草，保持土壤肥力和水分。

中耕除草是保证玉米生长环境和防治病虫害的重要措施之一。不及时或不彻底的中耕除草会影响玉米的生长发育、产量和质量。不中耕或中耕过浅会导致土壤板结，通气性差，水分蒸发快，养分流失多；不除草或除草不净会导致杂草与玉米竞争光、热、水、肥，影响玉米的光合效率和抗逆性，杂草还会成为病虫害的传播媒介和藏身之处。

种植户应根据不同品种的特性和不同地区的条件，选择合适的中耕除草时间和方法。一般来说，在玉米生长过程中进行 2~3 次中耕除草为宜，第一次中耕除草在定苗后进行，第二次中耕除草在拔节期进行，第三次中耕除草在孕穗期进行。中耕除草应做到"早、勤、净"，即及早进行，勤于重复，彻底清除。中耕除草时可以采用机械中耕或人工锄草方式，深度为 8~10cm，宽度为 30~40cm，注意不要伤根伤苗。

四、灌溉

灌溉是指在作物生长过程中，根据土壤水分状况和作物需水量，及时补充田间水分，保持适宜的土壤湿度。

灌溉是保证玉米生长发育和提高产量、质量的重要措施之一。不及时或不合理的灌溉会影响玉米的生长发育、产量和质量。不灌溉或灌溉不足会导致土壤干旱，影响玉米的吸水吸肥能力和抗逆性；过度灌溉或灌溉过多会导致土壤涝渍，影响玉米的通气性能和抗病能力。

种植户应根据不同品种的特性和不同地区的条件选择合适的灌溉时间和方法。一般来说，在玉米生长过程中进行 2～3 次灌溉为宜，第一次灌溉在拔节期进行，第二次灌溉在孕穗期进行，第三次灌溉在灌浆期进行。

灌溉应做到"少、勤、匀"，即少量多次进行，勤于调整灌溉频率，均匀浇水。灌溉方法可以采用沟灌、漫灌、滴灌、喷灌等方式，注意控制好水量和水温。

五、追肥

追肥是指在作物生长过程中，在施足底肥的基础上，根据土壤肥力状况和作物需肥量，在关键生育阶段补充田间养分。追肥是保证玉米生长发育和提高产量、质量的重要措施之一。不及时或不合理的追肥会影响玉米的生长发育、产量和质量。不追肥或追肥不足会导致养分不足，影响玉米的生长发育和产量；过量追肥或追肥不均匀会导致养分浪费，还可能引发土壤污染和病虫害。

种植户应根据不同品种的特性和不同地区的条件选择合适的追肥时间和方法。一般来说，追肥应分为几个关键生育阶段，如拔节期、孕穗期和灌浆期。追肥的方法有基肥追施、叶面追肥、滴灌追肥等方式，可根据具体情况进行调整。

第四节　病虫害统防统治

一、大、小斑病

（一）症状

大、小斑病是玉米种植常见病。玉米大斑病也称为枯叶病，玉米小斑病也称为斑点病，两者均为真菌性病害，均以为害叶片、叶鞘、苞叶、果穗、籽粒等为主。不同的是大斑病的病斑呈纺锤形，受害的叶片、叶鞘等部位出现青灰色的病斑，后期叶片逐渐发黄枯死；小斑病的病斑呈椭圆形，叶片受害后光合作用减弱，叶片干枯，影响籽粒灌浆。

（二）防治

首先，要科学选种，即优先选用抗大、小斑病的玉米品种。其次，要做好种子处理，包括晾晒、药剂拌种或种子包衣等。再次，要科学栽培，如坚持和小麦等作物轮作倒茬或套作，不可重茬；做好土壤深翻深松工作，清除田间的病残株，消灭菌源；科学施肥，禁用生粪肥；合理控制播种时间、密度、播量，保持良好的光照和通风条件；密切留意玉米植株生长情况，若发现有中心病株应当及早去除掉。最后，病害较重时，建议交替喷施 70% 甲基硫菌灵可湿性粉剂 1 000 倍液、50% 多菌灵可湿性粉剂 500 倍液，每间隔 1 周用药 1 次，连用 2~3 次。

二、褐斑病

（一）症状

该病属真菌性病害，每年的 7—8 月温度高、湿度大，极易发病，是褐斑病高发季节，连作田及低洼地发病重。褐斑病主要以为害叶片、叶鞘、茎秆等为主，受害部位初期出现白色或黄色的斑点，然后变为褐色，形状为椭圆形，病斑增多之后逐渐融合成为大斑，病斑周边叶组织变为粉红色，后期病斑破裂散发出大量的粉末，颜色为褐色。茎秆受害后遇风极易倒伏。

（二）防治

科学选种，严把种子质量关，禁用携带病菌的玉米种子；播种前使用药剂拌种，杀灭表皮致病菌；重发病田坚持和小麦等作物轮作倒茬 3 茬以上；加强生长期管理，重点做好间苗定苗、中耕培土、除草、追肥、浇水等工作，提升玉米植株的抗病性；收获玉米之后立即做好清园工作，深翻晾晒土壤，杀灭残留的菌源；一旦发现有中心病株，要及早清除并统一烧毁；发生病害后，建议交替喷施 70%甲基硫菌灵可湿性粉剂 800 倍液、20%三唑酮乳油 3 000 倍液，每间隔 1 周用药 1 次，连用 2~3 次。

三、顶腐病

（一）症状

玉米顶腐病可发生于任何时期。苗期发病后玉米幼苗生长缓慢，叶片边缘褪绿，并出现黄条斑，叶片逐渐皱缩、畸形，严重的整株枯死。成株期发病后玉米植株逐渐矮化，叶片基部腐烂，中上部畸形，叶片边缘出现一些黄化条纹，呈刀削状。受害玉米植株茎基部节间短，根系不发达，根冠腐烂，影响正常接穗，潮湿环境下病部出现大量霉状物，颜色为粉白色。

（二）防治

选用抗病性品种进行播种作业；合理控制播种密度，保证田间有良好的光照和通风；重视田间管理工作，及时追肥，增施腐熟有机肥和磷、钾肥，少施氮肥，提升玉米植株的抗病性；晴天做好铲耥工作，疏松土壤，清除杂草，排湿提温，确保秧苗良好生长；密切留意玉米生长情况，若发现有腐烂的病株或叶片，及时剪掉深埋，防止病菌传播；发生病害后，建议交替喷施 58% 甲霜灵·锰锌可湿性粉剂 600 倍液、50% 多菌灵可湿性粉剂 500 倍液，每间隔 1 周用药 1 次，连用 2~3 次。

四、圆斑病

（一）症状

玉米的苞叶、叶片、果穗等部位都可能遭受圆斑病的侵害。若出现圆斑病，病菌将深入穗轴，致使病变部位凹陷并呈现黑色，使果穗腐烂等。在叶片上，病斑初期为水浸状，呈现淡淡的黄色或绿色斑点，随后扩大成卵圆形，出现同心轮纹，病斑中部呈淡褐色，边缘呈褐色。苞叶上的病斑起初为褐色斑点，随后扩大为圆形斑，同样出现同心轮纹，表面覆盖着黑色霉层。

（二）防治

防治方法主要有两种：加强检疫和药物喷洒，前者要求不从病区调选植株，尽量选用抗病品种。后者最适宜的喷洒时期为玉米吐丝盛期，每亩可配置浓度为 25% 的粉锈宁可湿性粉剂 100g 兑水 50~75kg，每 7~10d 为一周期，连用 2 周期即可。

五、病毒病

玉米病毒病主要有玉米粗缩病和玉米条纹矮缩病 2 种类型，是由灰飞虱传毒所引起的一种毁灭性病毒病。该病流行年份一般造成减产 20%~30%，少数重病田块损失 60%~70%，甚至绝收。

（一）症状

1. 玉米粗缩病

发病初期，在心叶基部的中脉两侧出现透明的虚线斑点，后逐渐扩展到整个叶片。病株的叶背、叶鞘及苞叶的叶脉上具有粗细不一的蜡白色条状突起，用手触摸有明显的粗糙不平感。叶片宽短，厚硬僵直，叶色浓绿，顶部叶片簇生。病株生长受到抑制，节间粗肿缩短，严重矮化。根系少而短，不及健株的 1/2，很容易从土中拔起。轻病株雄穗发育不良、散粉少，雌穗短、花丝少、结实少。重病株雄穗不能抽出或虽能抽出但分枝极少、无花粉，雌穗畸形不实或籽粒很少。

2. 玉米条纹矮缩病

患病植株表现节间缩短、株型矮缩，沿叶脉产生褪绿条纹。叶部发病，最初上部叶片稍硬、直立，沿叶脉出现连续的或断断续续的淡黄色条纹，自叶基部向叶尖发展。后期，叶脉向上产生坏死斑，呈灰黄色或土红色，病叶提前枯死。早期受害，生长停滞，提早枯死。中期受害，植株显著矮化，顶叶丛生，雄花不易伸出，如伸出，籽粒亦多秕瘦，病株上部多向一侧倾斜。

（二）防治

要坚持"切断毒链，治虫控病"的防治策略，采取以农业防治为基础，药剂防治为重点的方针，采取有效措施控制病害的发生，根据玉米病毒病的发生为害特点，药剂防治的对策是"治虫源田，保玉米田"，发病后"治虫控病"相结合。

1. 农业防治

选用抗（耐）病品种。玉米品种间抗性存在差异。应根据当地条件选用抗性较强的品种，同时还应注意合理布局，避开单一品种的大面积种植。

调整玉米播种期。春玉米适期早播，夏玉米适期迟播。由于玉米粗缩病病毒和玉米条纹矮缩病病毒均通过灰飞虱传毒。因此，春玉米要在 4 月 20 日前播种结束，确保 5 月底灰飞虱迁飞传毒盛期前达到 10 叶以上，蒜茬、蔬菜茬玉米可在 6 月

5日后播种，使幼苗期避开灰飞虱传毒为害高峰，减轻发病程度。

清除田间杂草。及时清除玉米田间及沟渠路边杂草，破坏灰飞虱的栖息场所。结合间苗、定苗，及时拔除田间病株，带出田外烧毁或深埋。

2. 化学防治

麦田灰飞虱防治。实施"治麦田，保玉米田"的措施。5月上中旬结合麦穗蚜防治，选用吡虫啉兼治灰飞虱，减少迁出虫源量，降低发病程度。

药剂拌种。用吡虫啉或锐劲特进行药剂拌种。

苗期病虫害防治。5月底至6月初于一代灰飞虱成虫迁入高峰期，对玉米田及附近杂草喷药防治灰飞虱，常用的药剂有锐劲特、吡虫啉和新农宝等，可减轻病害发生。

发病田喷施抗病毒药剂保护。发病初期，在进行灰飞虱防治的基础上，可用病毒康、灭菌成和植病灵等病毒钝化剂兑水喷雾，隔5~7d喷1次，连续防治2~3次，可减轻病害为害程度。

六、锈病

（一）症状

玉米锈病主要为害叶片，也可入侵叶鞘、苞叶和雄穗。其中，普通锈病在叶片上常产生长条状，略突出叶片表面的孢子堆，叶片表皮破裂后，散出褐色粉末。而玉米锈病的另外一种类型，即南方锈病，它在发病时叶片上会散生黄色小斑点，病斑逐渐隆起，呈圆形或椭圆形，黄褐色或红褐色，玉米植株在生长后期，两种锈病都会在病斑上逐渐形成黑色突起，破裂后散出黑色粉状物，为病菌的冬孢子堆。玉米发生锈病后，造成植株叶片褪绿，不能正常进行光合作用，严重时整个叶片上布满孢子堆，叶片干枯。

（二）防治

1. 农业防治

（1）选用抗性强的抗病品种。

（2）合理密植。一般从幼苗长至 2 叶 1 心时移栽定植最佳，切忌 4 叶以上成老苗移栽。选择晴好天气，大小苗分开移栽，移栽后少水施稀薄人粪尿水肥，以利快速扎根活蔸、生长，快速长成丰产苗架，提高抗病性。一般每亩种植玉米3 500株左右，实行分带双行单株种植。带幅为 1.2m，其中大行距 0.9m，小行距 0.3m，株距 0.6m。

（3）合理施肥。玉米种植要重视施用底肥，适当调减氮肥，增施磷、钾肥。移栽成活后及时结合施肥浅中耕除草，在拔节至喇叭口期，结合施壮秆肥进行一次深中耕，在大喇叭口期结合施穗肥时进行培土，以利根系深扎，提高抗病力和抗倒性。

（4）降低地下水位。玉米宜选择土地壤肥力较高、耕作层深厚、地下水位适中、排水良好的沙质壤土为好。玉米田要重视开好围沟和厢沟，做到有水能排，遇旱能灌，促玉米健壮生长。

2. 药剂防治

在发病初期，选用 25% 三唑酮（粉锈宁）可湿性粉剂1 000~1 500倍液，或丙环唑乳油 3 000 倍液，或 25% 三唑酮可湿性粉剂 1 000~1 500 倍液，或 65% 代森锌可湿性粉剂 500 倍液，或 80% 福星乳油 8 000 倍液，或 R-烯唑醇可湿性粉剂4 000~5 000倍液，或 0.2 波美度石硫合剂，这些药剂可结合当地实际轮换喷施，每隔 10d 左右 1 次，连续喷施 2~3 次，可抑制病菌的扩散，控制病情发展，防治效果较好。生产上可结合防治玉米螟，在玉米大喇叭口期，将上述某种杀菌剂和氯虫苯甲酰胺等杀虫剂混用，综合防治玉米中后期病虫害。在玉米大喇叭口期，每亩用福戈 40%氯虫·噻虫嗪水分散粒剂 8g 加阿米妙收 32.5%苯甲·嘧菌酯悬浮剂 20mL 兑水进行顺行喷雾，防治玉米螟、棉铃虫、甜菜夜蛾、蚜虫、大小斑病、锈病等病虫害。

七、三点斑叶蝉

（一）症状

玉米三点斑叶蝉在玉米 3~5 叶期即开始从禾本科杂草上迁至玉米田为害，一直到玉米收获，整个生育期均可发生为害。该虫主要以成虫、若虫聚集叶片刺吸汁液，破坏叶绿素，叶片出现零星小白点，以后受害程度不断加重，斑点密集使整个叶片褪绿。8 月下旬以后受害较重的田块被害叶片严重失绿，甚至大部分受害叶片干枯死亡。

（二）防治

1. 农业防治

（1）清除杂草。清除田边地头、渠边杂草，尤其是禾本科杂草，及时中耕。

（2）轮作倒茬。实行轮作倒茬。

（3）合理密植。合理密植可促使田间湿度增大、光线减弱，减少玉米三点斑叶蝉发生数量。

2. 化学防治

（1）使用玉米种衣剂。使用防虫种衣剂按 1：40 用量拌种，可有效防治早期进入玉米田的叶蝉。

（2）喷雾防治。在 5 月下旬玉米 3~4 叶期，虫口密度较大时采用 36%达福 2 000 倍液或 20%康福多 5 000 倍液或 10%一遍净 2 500 倍液或 25%辛硫灭扫利 2 000 倍液喷雾。在 6 月下旬二代若虫始盛期采用同样的方法防治。

（3）在大喇叭口时期，应用10%稻腾（氟虫双酰胺·阿维菌素）25～30mL/亩进行喷雾或灌心；也可使用福戈（20%氯虫苯甲酰胺+20%噻虫嗪）10g/亩或20%康宽（氯虫苯甲酰胺）10g/亩或5%普尊（氯虫苯甲酰胺）20g/亩喷雾，药效期可达30d，可有效防治一代玉米三点斑叶蝉，同时可兼防玉米螟。

八、双斑萤叶甲

（一）症状

该虫以成虫群集为害，主要为害玉米叶片，成虫取食叶肉，残留不规则白色网状斑和孔洞，严重影响光合作用，8月咬食玉米雌穗花丝，影响授粉。也可取食灌浆期的籽粒，引起穗腐。为害严重时可造成大面积减产，甚至绝收。

（二）防治

1. 农业防治

清除田间地边杂草，特别是稗草，减少该虫的越冬寄主植物，降低越冬基数；合理施肥，提高植株的抗逆性；对点片发生的地块于早晚人工捕捉，降低基数；对该虫为害重及防治后的农田及时补水、补肥，促进农作物的营养生长及生殖生长。

2. 生物防治

在农田地边种植生态带（小麦、苜蓿）以草养害，以害养益，引益入田，以益控害。合理使用农药，保护利用天敌。该虫的天敌主要有瓢虫、蜘蛛等。

3. 化学防治

百株虫口达到50头时进行防治。选用20%速灭杀丁乳油2 000倍液、2.5%高效氯氟氰菊酯乳油、20%杀灭菊酯乳油1 500倍液喷雾，还可选用速效性好、持效期长的5%氟虫腈或

25%噻虫嗪进行防治。隔 7d 再防 1 次。也可用高效氯氰菊酯+阿维菌素或高效氯氰菊酯+毒死蜱（乐斯本）防治。

九、红蜘蛛

（一）症状

在玉米的栽培过程中，红蜘蛛是一种常见的害虫。

它们经常在玉米抽穗后疯狂繁殖，不断吸收叶片养分，致使叶片上出现黄白斑。随时间的推移，这些叶片会逐渐枯死。干旱时，红蜘蛛的繁殖速度显著加快，这使受害玉米籽粒变得干瘪瘦小，造成减产。

（二）防治

收获后深翻土地，消灭红蜘蛛的越冬虫源；在冬季和春季，通过碾压和耙糖的方式使红蜘蛛窒息而亡；清除田间的杂草，以减少红蜘蛛的繁殖场所；选择抗虫性强的玉米品种，并对玉米种子进行包衣处理；合理安排玉米的种植时间和密度，加强田间管理，使玉米植株健康成长；针对红蜘蛛对颜色的趋色性，利用蓝黄板对其进行诱杀，每亩悬挂 25 张蓝黄板时，具有较好的诱杀效果；运用生物防治技术，如利用微生物或天敌昆虫进行防治；若存在大量红蜘蛛，应喷施 2%天达阿维菌素 3 000 倍液，喷药频率为 7d 1 次，喷施 2~3 次后可达到较好的诱杀效果。

十、玉米螟

（一）症状

玉米螟属鳞翅目害虫，也称为钻心虫。玉米螟隐蔽性强，一旦发现往往已经大规模传播。玉米螟幼虫属钻蛀性害虫，可钻入玉米心叶内，受害叶片可形成一排整齐小孔。玉米抽穗后，幼虫可钻入雄花内为害，导致雄花基部折断。若幼虫钻入茎部，茎秆极易被大风吹折。玉米植株受害后，会出现早衰的现象，籽粒饱满度下降，玉米可减产5%～15%，甚至更多。

（二）防治

玉米收获后，应当认真做好玉米秸秆的处理工作，将越冬虫源杀灭掉；妥善处理玉米根茬，靠近地面收割，降低根茬高度，防止玉米螟在根茬中越冬；重视对灯诱技术的应用，将黑光灯或太阳能杀虫灯悬挂在玉米田内，可有效诱杀玉米螟；发生虫害后，建议交替喷灌40%水胺硫磷乳油1 000倍液、25%杀虫双水剂500倍液，每间隔1周用药1次，连用2～3次。

十一、玉米黏虫

（一）症状

玉米黏虫属杂食性暴食害虫，为害严重，在我国各地均有不同程度的发生和为害。在玉米种植时极为常见，其具有昼伏夜出的习性，因此也被称为夜盗虫。玉米黏虫大发生时，可吃光全部的叶片，仅仅留下叶脉，影响玉米植株生长，导致产量下降，严重的会绝收。

（二）防治

做好除草工作，防止黏虫杂草上栖息和繁殖；重视生物防治，玉米黏虫幼虫可喷施25%灭幼脲3号悬浮剂等生物农药；重视对糖醋液、黑光灯的应用，可杀灭玉米黏虫成虫；发生虫害后，可叶面喷施4.5%高效氯氰菊酯3 000倍液每间隔1周用药1次，连用2～3次。

第五节　机收减损及贮藏

一、机收减损

玉米收获机在进入地块收获前，必须先了解地块的基本情况：玉米品种、种植行距、密度、成熟度、最低结穗高度、果穗下垂及茎秆倒伏情况，是否需要人工开道、清理地头、摘除倒伏玉米等，以便提前制订作业计划。对地块中的沟渠、田、通道等予以平整，并将地里水井、电杆拉线、树桩等不明显障碍安装标志，以利安全作业。根据地块大小、形状，选择进地和行走路线，以便利于运输车装车，尽量减少机车的进地次数。玉米收获过程中，应选择正确的作业参数，并根据自然条件和作物条件的不同及时对机具工作参数进行调整，使玉米联合收获机保持良好的工作状态，降低机收损失，提高作业质量。

选择适宜收获期。适期收获是增加粒重、减少损失、提高产量和品质的重要生产环节，防止过早或过晚收获对玉米的产量和品质产生不利影响。

二、贮藏

玉米穗在上趟、上堆、上栈之前，必须去净玉米苞叶，玉米苞叶是主要热源。

在上趟、上栈前，必须打好底垫，避免玉米穗和地面直接接触。打底垫的材料主要用高粱秆、玉米秆、向日葵秆等硬秆，不要用不透气的塑料薄膜作为底垫。

第三章　水　稻

第一节　育苗播种

水稻育秧就是要培育发根力强、植伤率低、插秧后返青快、分蘖早的壮秧。这种育秧方法的主要优点是秧龄短、秧苗壮，管理方便。可机插、人工手插，工效高，质量好。

一、育苗前的种子处理

（一）种子的选用

如果种子贮藏年久，尤其在湿度大、气温高条件下贮藏，具有生命力的胚芽部容易衰老变性，种子细胞原生质胶体失常，发芽时细胞分裂发生障碍导致畸形，同时稻种内影响发根的谷氨酸脱羧酶失去活性，容易丧失发芽力。在常温下，贮种时间越长、条件越差，发芽能力降低越快。因此，最好用上年收获的种子。常温下水稻种子寿命只有 2 年。含水率 13% 以下，贮藏温度在 0℃ 以下，可以延长种子寿命，但种子的成本会大大提高。因此，常规稻一般不用隔年种子。只有生产技术复杂、种子成本高的杂交稻种，才用陈种。

（二）种子量

每公顷需要的种子量，移栽密度 30cm×13.3cm 时需 40kg 左右；移栽密度 30cm×20cm 时需 30kg 左右；移栽密度 30cm×26.7cm 时需 20kg 左右。

（三）发芽试验

水稻种子处理前必须做发芽试验，以防因稻种发芽率低，影响出苗率。

（四）晒种

浸种前在阳光下晒 2~3d，保证催芽时，出芽齐，出芽快。

（五）选种

选种指的是浸种前，在水中选除瘪粒的工作。一般水稻种子利用米粒中的营养可以生长到 2.5~3 叶，因此 2.5~3 叶期叫离乳期。如果用清水选种，就能选出空、秕籽，而没有成熟好的半成粒就选不出来。用这样的种子育苗时，没有成熟好的种子因营养不足，稻苗长不到 2.5 叶就处于离乳期，使其生长缓慢。到插秧时没有成熟好的种子长出的苗比完全成熟的稻苗少 0.5~1.0 个叶，在苗床上往往不能发生分蘖，而且出穗也晚 3~5d。如果用这样的秧苗插秧，比完全成熟的种子长出的稻苗减产 6.0% 左右。所以选种时，水的相对比重应达到 1.13（25kg 水中，溶化 6kg 盐时，相对密度在 1.13 左右）。在这样的盐水中选种就可以把成熟差的稻粒全部选出来，为出齐苗、育好苗打下基础。但特别需要注意的是盐水选种后一定要用清水洗 2 次，不然种子因为盐害不能出芽。

（六）浸种

浸种时稻种重量和水的重量一般按 1∶1.2 的比例做准备，浸种后的水应高出稻种 10cm 以上。浸种时间对稻种的出芽有很大的影响，浸种时间短容易发生出芽不整齐现象，浸种时间过长又容易坏种。浸种的时间长短根据浸种时水的温度确定，把每天浸种的水温加起来达到 100℃（如浸种的水温为 15℃时，应浸 7d）时，完成浸种，可以催芽。有些年份浸完种后，因气温低或育苗地湿度大不得不延长播种期。遇到这样的情况，不应继续浸泡，把浸好的种子催芽后，在 0~10℃ 的温度下，摊开10cm厚保管，既不能使其受冻，也不让其长芽。到播种时，如果稻种过干，就用清水泡半天再播种。

（七）消毒

催芽前的种子进行消毒是防止水稻苗期病害的最主要方法。按照消毒药的种类不同，可分为浸种消毒、拌种消毒和包衣消毒，因此应根据实际需求进行消毒。现在农村普遍使用的消毒药以浸种消毒为多，这种药的特点是种子和药放到一起一浸到底，很省事。但浸种过程中，应每天把种子上下翻动一次，否则消毒水的上下药量不均，上半部的稻种因药量少，造成消毒效果差。

二、苗床准备

（一）苗床选择

苗床应选择在向阳、背风、地势稍高、水源近、没有喷施过除草剂，当年没有用过人粪尿、石灰、没有倾倒过肥皂水等强碱性物质的肥沃旱田地、菜园地、房前房后地等。如果没有这样的地方也可以用水田地，但水田地做苗床时，应把土耙细，没有坷垃、杂草等杂质，施用腐熟的有机肥每平方米15kg以上。

（二）育苗土准备

采用富含有机质的草炭土、旱田土或水田土等，都可以用来做育苗土。如果要培育素质好的秧苗就应该有目标的培养育苗土，一般2份土加腐熟好的农家肥1份混合即可。据试验，盐碱严重的地方应选择酸性强的草炭土，而且草炭土的粗纤维多，根系盘结到一起不容易散盘，移植到稻田中缓苗快、分蘖多。

（三）苗田面积

手工插秧的情况下，30cm×20cm密度时每公顷旱育苗育

150m²、盘育苗育 300 盘（苗床面积 50m²）。30cm×26.7cm 密度时每公顷旱育苗育 100m²、盘育苗育 200 盘（苗床面积 36m²）。机械插秧一般都是 30cm×13.3cm 密度，每公顷盘育苗育 400 盘（苗床面积 72m²）。

（四）作苗床

育苗地化冻 10cm 以上就可以翻地。翻地时不管是垄台，还是垄沟一定要都翻 10cm 左右，随后根据地势和不同育苗形式，需要自己掌握苗床的宽度和长度。先挖宽 30cm 以上步道土放到床面，然后把床土耙细耙平。苗床土的肥沃程度也决定秧苗素质，育苗时床面上每平方米施 15kg 左右的腐熟的农家肥，然后深翻 10cm，整平苗床。

三、播种

（一）播种时间

播种时间按着预计插秧时的秧龄来确定。育 2.5 叶片的小苗时，出苗后生长需要 25～30d，3.5 叶片的中苗时需要 30～35d，4.5 叶片的大苗时需要 35～40d，5.5 叶片的大苗时需要 45～50d。催芽播种的条件下，大田育苗需要 7d 左右出苗。据此根据插秧的时间，推算播种的时间。一般 4 月 5—20 日是育苗的最佳时期，在此期间原则上先播播种量少的旱育苗，后播播种量大的盘育苗。

（二）苗床施肥与盘土配制

对土的要求是，草炭土、旱田土最好。要求结构好、养分全、有机质含量高，无草籽、无病虫害等有害生物菌体；农家肥应是腐熟细碎的厩肥，不要用炕土、草木灰和人粪尿等碱性物质。土与农家肥的比例为 7：3，充分混合后即是育苗土。有草炭土资源的地方，以 40% 的田土、40% 腐熟草炭土，再加 20% 腐熟的农家肥混合，搅拌均匀，即是很好的育苗土。

现在育苗一般都施用肥、调酸、杀菌一体的一次性特制育苗调制剂（营养土等），因调制剂的生产厂家不同，所配制的比例也不同，因此必须按照生产厂家说明书的要求的比例使用，不能随意增加调制剂的用量。

（三）苗床浇底水

因为经过翻地做床等工作后，床土干燥，因此播种前1d需要对苗床浇底水。如果水浇不透出苗就不齐，出苗率也低。所以播种前1d浇水是出苗好坏的关键，要反复浇，浇透10cm以上，一定要把上面浇的水和地下湿土相连。

（四）播种量

盘育苗育2.5叶龄的苗时，每盘播催芽湿种120g；育3.5叶龄的苗时，播催芽湿种80g；育4.5叶龄的苗时，播催芽湿种60g；旱育苗每平方米播催芽湿种150~200g；抛秧盘苗每孔播2~3粒。播种前浇一遍透水，再把种子均匀撒在盘或床面上。播完种的盘育苗放在苗床后，应把盘底的加强筋压入土中，抛秧盘育苗盘的一半压入床面，苗盘摆完后盘的四边用土封闭，以免透风干燥。

（五）覆土

盘育苗和抛秧盘，覆土后与盘的上边齐平。旱育苗的覆土应当细碎，是出苗好坏的关键技术环节。先覆土0.5cm使看不到种子为止，然后用细眼喷壶浇一遍水，覆土薄的地方露籽时，先补土，然后再覆土0.5cm刮平，最后用除草剂封闭。

（六）盖膜

小拱棚育苗最好采用开闭式的方法，苗床做成2m宽，实际播种宽为1.8m，竹条长度2.4m，每0.5m插竹条，竹条高度为0.4m，用绳把竹条连接固定。盖塑料薄膜后，用绳依次固定好竹条，防止大风掀开塑料薄膜。

大棚育苗的育苗设施采用钢架式结构，标准大棚的长度是

63.63m、宽5.4m、高2.7m，每0.5m插一骨架（钢管），两边围裙高1.65m，钢管与钢管之间用横向钢管固定，两面留有门。用三幅塑料膜覆盖，顶棚用一个膜盖到边围裙下0.2m，两边围裙各盖一个膜到顶棚膜上0.2m，每个钢架中间用绳等物固定塑料膜。

中棚育苗是农户创造的介于小棚和大棚的中间型，生产上使用的中棚有很多方式，但大部分中棚的高度不足，影响作业质量。因此中棚的高度应该高于作业者的身高，其他方法参考大棚育苗盖膜方法。

第二节　田间管理

一、合理施肥

基肥的施用应在耕翻前进行，主要使用有机肥如农家肥或堆肥，以提升土壤肥力和微生物活性。基肥的施用量通常以每亩施用2 000～3 000kg的有机肥为宜。追肥分为苗期、分叶期和孕穗期3个阶段施用，以满足水稻不同生长阶段的营养需求。苗期追肥以氮肥为主，常用尿素或硫酸铵，施用量每亩15～20kg，以促进秧苗快速生长。分叶期追肥需平衡氮磷钾，可使用复合肥，施用量为每亩20～25kg，以增强植株分蘖能力。孕穗期追肥重点在于增加磷、钾肥，特别是钾肥，以提高水稻的抗病能力和提升粒重，施用量为每亩20～30kg。施肥时要避免直接接触秧苗根部，通常采用撒施或沟施方式，保证肥料均匀分布。施肥后应及时进行轻度灌溉，帮助肥料溶解和均匀分布。在整个生长周期中，根据土壤肥力和作物长势，灵活调整施肥时机和数量。

二、灌溉管理

在秧苗的生长时期要保持 3~5cm 的浅水层，到了分叶期就增至 5~10cm，而在拔节至孕穗期，就要稳定地进行灌溉，并且避免出现水位波动情况。抽穗至灌浆期，维持 5~7cm 水层，灌浆期末至成熟期，逐渐减少灌溉，实行干湿交替管理，有助于稻谷成熟，提高稻谷的品质。

第三节　病虫害统防统治

一、恶苗病

(一)　症状

水稻恶苗病又叫徒长病，俗称"标茅""禾公"，是水稻的常见病害，全国各稻区均有发生。一般病株率为 1.3%，严重田病穴率可达 40%~45%，严重影响水稻的产量。

病谷粒播后常不发芽或不能出土。苗期发病病苗比健苗细高，叶片叶鞘细长，叶色淡黄，根系发育不良，部分病苗在移栽前死亡。在枯死苗上有淡红或白色霉粉状物，即病原菌的分生孢子。本田发病节间明显伸长，节部常有弯曲露于叶鞘外，下部茎节逆生多数不定须根，分蘖少或不分蘖。剥开叶鞘，茎秆上有暗褐条斑，剖开病茎可见白色蛛丝状菌丝，以后植株逐渐枯死。病轻的提早抽穗，穗形小而不实。抽穗期谷粒也可受害，严重的变褐，不能结实，颖壳夹缝处生淡红色霉，病轻不表现症状，但内部已有菌丝潜伏。

(二)　防治

（1）建立无病留种田，选栽抗病品种，避免种植感病品种。

（2）加强栽培管理，催芽不宜过长，拔秧要尽可能避免损根。做到"五不插"，即不插隔夜秧，不插老龄秧，不插深泥秧，不插烈日秧，不插冷水浸的秧。

（3）清除病残体，及时拔除病株并销毁，病稻草收获后作燃料或沤制堆肥。

（4）种子处理，用1%石灰水澄清液浸种，浸种2~3d，水层要高出种子10~15cm，避免直射光。或用2%福尔马林浸闷种3h，气温高于20℃用闷种法，低于20℃用浸种法；或用40%拌种双可湿性粉剂100g，加少量水溶解后拌稻种50kg；或用50%甲基硫菌灵可湿性粉剂1 000倍液浸种2~3d，每天翻种子2~3次；或用30%甲霜·噁霉灵胶悬剂200~250倍液浸种，种子量与药液比为1：（1.5~2），浸种3~5d，早晚各搅拌1次，浸种后带药直播或催芽。必要时可喷洒38%恶霜菌酯1 000倍液。

（5）药剂防治，发病初期可喷洒38%恶霜菌酯水剂1 000倍液；或甲霜·噁霉灵可湿性粉剂800~1 000倍液；或15%噁霉灵药液800倍液。喷雾防治。

二、稻瘟病

（一）症状

稻瘟病又名稻热病，是世界性的重要稻病。同纹枯病、白叶枯病被列为水稻三大病害。该病为通过气流传播的流行病，对水稻生产威胁极大，为害程度因品种、栽培技术以及气候条件不同有差别，一般减产10%~20%，局部田块绝收。

（二）防治

（1）因地制宜选用2~3个适合当地的抗病品种。

（2）无病田留种，处理病稻草，消灭菌源。

（3）按水稻需肥规律，采用配方施肥技术，后期做到干湿交替，促进稻叶老熟，增强抗病力。

（4）种子处理。用56℃温汤浸种5min。用10% 401抗菌剂1 000倍液或80% 402抗菌剂2 000倍液、70%甲基硫菌灵可湿性粉剂1 000倍液浸种2d。也可用1%石灰水浸种，10~15℃浸6d，20~25℃浸1~2d，石灰水层高出稻种15cm，静置，捞出后清水冲洗3~4次。用2%福尔马林浸种20~30min，然后用薄膜覆盖闷种3h。

（5）药剂防治。抓住关键时期，适时用药。早抓叶瘟，狠治穗瘟。发病初期喷洒20%三环唑（克瘟唑）可湿性粉剂1 000倍液或用40%稻瘟灵（富士一号）乳油1 000倍液、50%多菌灵或50%甲基硫菌灵可湿性粉剂1 000倍液、50%稻瘟肽可湿性粉剂1 000倍液、40%克瘟散乳剂1 000倍液、50%异稻瘟净乳剂500~800倍液、5%菌毒清水剂500倍液。上述药剂也可添加40mg/kg春雷霉素或加展着剂效果更好。叶瘟要连防2~3次，穗瘟要着重在抽穗期进行保护，特别是在孕穗期（破肚期）和齐穗期是防治适期。

三、纹枯病

（一）症状

水稻纹枯病在苗期至穗期都可发生，主要为害叶鞘，叶片次之，严重时可侵入茎秆并蔓延至穗部。叶鞘受害，初期在近水面的叶鞘上产生水渍状暗绿色小斑点，后渐扩大呈椭圆形，数个病斑互相融合成为不规则形的云纹状斑。条件适宜时，病斑边缘暗绿色，中央灰绿色，扩展迅速。天气干燥时，边缘褐色，中央草黄色至灰白色，并可引起植株倒伏或整株枯死。叶片受害，病斑也呈云纹状，边缘褪黄，后呈污绿色。重的叶片早枯，引起稻株不能正常或及时抽穗。茎秆受害，初生灰绿色斑块，后绕茎扩展，可使茎秆一小段组织呈黄褐色，重的易折倒。穗部受害，穗颈上的病斑初为污绿色或青黑色，后变灰褐色。潮湿时，病部长出白色至灰白色蛛丝状的菌丝，后菌丝汇聚成白色菌丝团，形成菌核，黏附在病组织上，易脱落。湿度大时，病部长有白色蛛丝状菌丝及扁球形或不规则形的暗褐色菌核，菌丝与菌核相连。高温条件下，病部上偶尔产生一层白粉状霉层（担子和担孢子）。为害后期，稻株不能抽穗，能抽穗的秕谷较多，千粒重下降。严重的，颖片干枯，全穗枯死。

（二）防治

（1）选用抗病品种，水稻对纹枯病抗性高的资源较少，目前生产上早稻耐病品种有博优湛 19 号、中优早 81 号；中熟品种有豫粳 6 号、辐龙香糯；晚稻耐病品种有冀粳 14 号、花粳 45 号、辽粳 244 号、沈农 43 号等。

（2）打捞菌核，减少菌源。要每季大面积打捞并带出田外深埋。

（3）加强栽培管理，施足基肥，追肥早施，不可偏施氮肥，增施磷、钾肥，采用配方施肥技术，使水稻前期不披叶，中期不徒长，后期不贪青。灌水做到分蘖浅水、够苗露田、晒田促根、肥田重晒、瘦田轻晒、长穗湿润、不早断水、防止早衰，要掌握"前浅、中晒、后湿润"的原则。

（4）药剂防治。抓住防治适期，分蘖后期病穴率达 15%即施药防治。首选广灭灵水剂 500～1 000倍液或 5%井冈霉素 100mL 兑水 50L 喷雾或兑水 400L 泼浇。发病较重时可选用 20%担菌灵乳剂每亩用药 125～150mL 兑水 75L 分别在孕穗始期、孕穗末期各防 1 次，对病穴率、病株率及功能叶鞘病斑严重度，防效都很显著，有效地保护功能叶片。

四、白叶枯病

（一）症状

水稻白叶枯病又称白叶瘟。我国各稻区均有发生，是水稻主要病害。对产量影响较大，秕谷和碎米多，减产达 20%~30%，重的可达 50%~60%，甚至颗粒无收。

（二）防治

（1）选用适合当地的 2~3 个主栽抗病品种。

（2）加强植物检疫，不从病区引种，必须引种时，用 1% 石灰水或 80% 402 抗菌剂 2 000 倍液浸种 2d 或 50 倍液的福尔马林浸种 3h 闷种 12h，洗净后再催芽。

（3）种子处理。播前用 50 倍液的福尔马林浸种 3h，再闷种 12h，洗净后再催芽。也可选用浸种灵乳油 2mL，加水 10~12L，充分搅匀后浸稻种 6~8kg，浸种 36h 后催芽播种。

（4）清理病田稻草残渣，病稻草不直接还田，尽可能防止病稻草上的病原菌传入秧田和本田。搞好秧田管理，培育无病壮秧。选好秧田位置，严防淹苗。秧田应以地势高，无病，排灌方便，远离稻草堆、打谷场和晒场地为佳，连作晚稻秧田还应远离早稻病田。防止串灌、漫灌和长期深水灌溉。防止过多偏施氮肥，还要配施磷、钾肥。

第四节　机收减损及贮藏

一、机收减损

改善作业条件。加强高标准农田建设，以"宜机化"为建设稻田的标准，解决由地形因素导致的"小、偏、散"田块与不规则田块引起的损失问题。

积极和气象部门合作。湿田如果较为泥泞，需将稻田积水排干，选择晴天、空气干燥的时间收割；如果遇到台风、高温等天气，为避免水稻倒伏，应按照抢收预案，增加装备与机具，及时收获，减少机收损失。

应用智能监控设备。将含杂率监测、损失监测、破碎率监测等融入其中，一旦作业异常后，能够迅速自动报警，修正机具参数，提高操控机具的便利性。并推进机具轻型化、小型化发展，提高收割机脱离、清选、分离能力，优化机收减损成效。

二、贮藏

收获后的稻谷含水量往往偏高，为防止发热、霉变，产生黄曲霉。应及时将稻谷摊于晒场上或水泥地上晾晒 2~4d，使其含水量到 14%，然后入仓。稻谷的贮藏方法有两种：一是干燥贮藏，在干燥、通风、低温的情况下，稻谷可以长期保存不变质；二是密闭贮藏，将贮藏用具及稻谷干燥处理，使干燥的谷粒处于与外界环境条件相隔绝的情况下保存。

科学储粮对粮仓的要求如下。

一是储粮的粮仓要具有很好的防水防潮性能，密封性好、通风良好，以便散热，降低粮温。

二是要求粮仓能隔热保温，修建粮仓应选择隔热良好的材料建仓或加厚仓壁。

三是粮仓要坚固牢实，粮食堆装后，四壁能承受粮堆压力。粮堆越高，则压力越大，因此，粮仓地基要牢固。仓库四壁要结实，以防止发生倒塌等事故发生。

第四章 甘 薯

第一节 育 苗

一、主要育苗方式

甘薯育苗主要有火炕塑料大棚育苗、地上加温式塑料大棚育苗、塑料温室大棚育苗、冷床双膜育苗、太阳能温床育苗、夏薯采苗圃育苗等方式。

二、苗床和用种

一般 1 亩春薯需种薯量 60～75kg。1 亩夏薯采苗圃用种 250～300kg，可供 15 亩夏薯用苗。苗床面积的大小应当根据排种薯数量和排种密度而定，火炕育苗 1m² 床面可排薯种 23～25kg，温床育苗 1m² 床面可排种薯 20～22kg，冷床双膜育苗 1m² 排薯种 15～18kg。

三、选种和排薯

（一）精选种薯

种薯的标准是具有本品种的皮色、肉色、形状等特征，无病、无伤、没有受冷害和湿害。薯块大小均匀，块重 150～250g。凡薯块发软、薯皮凹陷、有病斑、不鲜艳，断面无汁液或有黑筋或发糠（茎线虫病）的均不能作种。

（二）灭菌处理

为防止薯块带菌，排薯前应进行灭菌处理，可用 51~54℃ 温水浸种 10min，或用 70%甲基硫菌灵（50%多菌灵可湿性粉剂）500 倍液浸种 5~10min。

（三）排种时间

采用大棚加温或用火炕或温床育苗，应在当地甘薯栽插适期前 30~35d 排种；采用大棚+地膜或冷床双膜育苗的于栽前 40~45d 排种。

（四）注意事项

排种时要注意分清头尾，切忌倒排。种薯应大小分开，平放稀排，保持上齐，下不齐。用火炕育苗，排薯不可过密，一般种薯左右留 1~2cm 空隙。

四、苗床管理

（一）保持不同时期的适宜温度

前期（1~10d）高温催芽。种薯排放前，加温育苗，床温应提高到 30℃左右，排种后使床温上升到 35℃，保持 3~4d，然后降到 32~35℃。

中期平温长苗。待齐苗后，注意逐渐通风降温，床温降至 25~28℃，棚温前阶段的温度不低于 30℃，1 周以后逐渐降低到 25℃左右。

后期低温炼苗。当苗高长到 20cm 左右时，栽苗前 5~7d，逐渐揭开薄膜晒苗，使床温接近大气温度。

（二）浇水

排种后盖土以前要浇透水，浇水量约为薯重的 1.5 倍。

采过一茬苗后立即浇水。掌握高温期水不缺，低温炼苗时水不多，酿热温床浇水量少次数多。

（三）通风、晾晒

在幼苗全部出齐、新叶开始展开以后，选晴暖天气的 10—15 时适当打开薄膜通风，剪苗前 3～4d，采取白天晾晒、晚上盖的方式，达到通风、透光炼苗的目的。

（四）追肥

每采 1 次苗结合浇水追 1 次肥，选择苗叶上没有露水的时候，追施尿素，每 $10m^2$ 一般不超过 0.25kg。追肥后立即浇水，迅速发挥肥效。

（五）采苗

薯苗长到 25cm 高度时应及时采苗，否则薯苗拥挤，下面的小苗难以正常生长，会减少下一茬出苗数。采苗时要选择壮苗。

壮苗的标准：叶片鲜绿，舒展叶 7～8 片，叶片大而肥厚，顶部三叶齐平。茎节粗短，根原基大，茎韧不易折断（折断有较多的白浆流出），苗高 25cm 左右。苗龄 30～35d，茎粗约 5mm。苗茎上没有气生根，没有病斑。苗株挺拔结实乳汁多。

春季采苗时，桩基至少留 1 片叶，以利于下茬苗快发。

第二节 深耕起垄

甘薯是块根类作物，薯块膨大需要疏松的土壤条件，要提高甘薯产量，需对甘薯田进行深耕细作，起垄栽植。

一、深耕

薯田耕作深度以 26～33cm 为宜，春薯冬前按垄距开沟，加深沟底，进行风化，早春施入有机肥，并使土肥混合。冬耕宜深，春耕宜早、宜浅。

二、起垄

垄宽 80cm 左右，垄作质量达到垄距均匀，垄直、垄面平，垄土松，土壤散碎，垄心无漏耕。

春薯在湿润地宜随栽随起垄；易干旱地应趁墒及早起垄。夏薯随施肥，随耕作，随起垄。

第三节　施肥和栽植

根据土壤肥力水平、计划产量指标，确定相应施肥量和施肥方法。

施肥以基肥为主，多施有机肥，少施氮素化肥，增施钾、磷肥。

一、基肥

氮肥总用量的 70% 以上和大部分磷、钾肥作基肥，有机肥和化肥混合施用，提倡多施腐熟、无病原农家肥，结合耕翻整地施用。施肥标准一般以每生产 1 000kg 鲜薯，需施入氮（N）5kg、磷（P_2O_5）5kg、钾（K_2O）10 ~ 12kg。氮、磷、钾比例以 1∶1∶（2~2.5）为宜。在中等肥力条件下，鲜薯亩产 2 500 ~ 3 000kg，需施优质农家肥（沤肥、堆肥）2 500 ~ 3 000kg，补施尿素 10kg，过磷酸钙 30kg，硫酸钾 15kg。如农家肥不足，可选符合国家标准的适量有机复合肥代替农家肥。

二、种肥

栽植时，穴施磷酸二氢钾 2kg/亩，作种肥。

三、化肥

生物有机复合专用肥及化肥在作垄时包入垄心。

四、田间栽植

(一) 栽植时间

根据气候条件、品种特性和市场需求选择适宜栽期。一般在土壤 10cm 地温为 16℃以上时栽植适宜。春薯栽植以 4 月下旬为宜，过早易感染黑根病。地膜覆盖栽培可提前到 4 月中旬。夏薯要抢时早栽。

(二) 栽植密度

栽植密度的确定，应根据品种植株的形态、土壤肥力、栽期的早晚来定。栽植密度原则是：肥地宜稀，旱薄地宜密；春薯宜稀，夏薯宜密；长蔓品种宜稀，短蔓品种宜密。一般丘陵旱地 3 000~3 500 株/亩，肥地 3 000 株/亩左右。

(三) 栽植方法

甘薯在土壤通透性良好和足墒条件下利于形成薯块和膨大。因此，在土壤墒情好和雨水足的情况下，以水平浅栽、垄作有利提高产量。

水平浅栽的具体栽法是：选用具有展开叶 6 片的壮苗，顶部露出地面 3 片展开叶，其余节位连叶片全部以水平位置埋入土中，栽深约 5cm，入土部分应全部盖严封平。

如在严重干旱、缺水地区，采用深栽直栽，深度为 7~10cm，浇足窝水。

第四节 田间管理

一、前期管理

(一) 查苗补栽，消灭小苗缺株

补苗选用壮苗在下午或傍晚时补栽最好，在田头栽一些预备苗以便补缺。

（二）及早中耕、除草

从成活期至封垄前，中耕 2 遍，先深后浅。

（三）早追肥，防弱苗

肥地不追，弱苗偏追，穴施尿素 5～10kg/亩，如基肥不足，距棵 15cm 左右条施有机复合肥和硫酸钾各 20～30kg/亩。

（四）秸草地面覆盖

秸草地面覆盖 300kg/亩左右。

（五）防治地下害虫

采用辛硫磷灌根或毒饵。

（六）适时打顶

主蔓长 50～60cm 时，打去未展开嫩芽，待分枝长 50cm 时，打群顶。

（七）化控

水肥地早控，封垄时，亩用 15% 多效唑 75g，兑水 50～60kg 喷洒 1 次后，隔 10～15d 再喷洒 1 次，有利于控制茎叶后期疯长，一般 1～2 次。

二、中期管理

（一）防旱排涝

当叶片中午凋萎，日落不能恢复，连续 5～7d，可浇水，垄作以浇半沟水为宜。遇到多雨季节，使垄沟、腰沟、排水沟"三沟"相通，保证田间无积水。

（二）控制疯长田

可提蔓、不翻秧、不摘叶，喷洒 1～2 次 0.2% 磷酸二氢钾液。

（三）叶面喷肥防止早衰

如叶面积系数不足 4.0，可喷施 1%的尿素与 0.2%的磷酸二氢钾混合液 1~2 次。

三、后期管理

（一）防早衰

脱肥田落黄较早，喷洒 1%尿素与 0.2%磷酸二氢钾液。

（二）控制旺长

可以提蔓、不翻秧，喷洒 0.2%磷酸二氢钾液 2 次。

第五节　病虫害统防统治

一、茎线虫病

（一）症状

甘薯茎线虫病又叫甘薯糠心病、空心病、糠梆子，是一种毁灭性病害，也是我国检疫对象之一。剥开茎部可见黑白相间的糠心，严重者糠心到顶；薯茎被害后，主茎基部外面发生黄褐色龟裂斑块，内部呈褐色糠心，严重者糠心到顶端，一般多发生在近地面 5~10cm 处，病株蔓短，叶黄，生长迟缓，甚至主蔓枯死。线虫由土壤通过皮层侵入薯块的，则发病初期皮色稍变蓝或蓝紫色，最后薯皮变成暗紫色并多龟裂，称为"糠皮"。线虫由种薯和薯苗传染的则一般是侵入薯块中心，由内向外扩展称为"糠心"。薯块外表无变化，重量减轻，手指弹有空响。

（二）防治

（1）清除田间病原，减少传播。对带病的薯块、薯苗、薯秧、薯根集中晒干烧毁或煮熟做饲料。

（2）选用抗病良种。在发病区种植高抗病品种。

（3）实行轮作倒茬。在发病田块4~5年内不种甘薯，也不可种马铃薯、花生和豆类作物，应改种玉米、谷子、高粱、棉花等。

（4）繁殖无病种薯，实行高剪苗。建立无病留种田，将无病春秧蔓剪下栽插，夏薯应在3年以上未种过甘薯田块栽种；育苗床采用高剪苗，采苗时离床面3.3cm以上剪下，减少秧苗带病原传播。

（5）不施带病粪肥，严格检疫制度。对混有带病的薯块、薯秧沤制的粪肥，或用薯块、薯秧、薯渣做饲料的粪肥，要进行50℃以上的高温发酵处理。在调运时，严格检查带病薯种、薯苗、薯干、薯粉，防止病情的传播蔓延。

（6）药剂防治。病区育苗时，用50%辛硫磷300~500倍液泼浇苗床，或用50%辛硫磷100倍液浸种10min。病区大田移栽时，每亩用10%灭线磷，或5%涕灭威颗粒剂1 000~1 500g穴施，或用10%丙溴磷颗粒剂每亩2 000~3 000g沟施或穴施。

二、黑斑病

（一）症状

甘薯黑斑病是甘薯生产上的一种重要病害，我国各甘薯生产区均有发生。在甘薯整个生育期均能遭受病菌为害，主要为害块根及幼苗茎基部。病苗基部叶片变黄脱落，地下部分变黑腐烂，苗易枯死，造成缺苗断垄。收获前后发病最多，病斑为褐色至黑色，中央稍凹陷，上生有黑色霉状物或刺毛状物。此病是一种毁灭性病害，是造成甘薯烂窖、烂床、死苗的主要原因，病薯变苦，不能食用。

（二）防治

（1）选用抗病品种。如晋薯 6 号、鄂薯 2 号、湘薯 15 号、鲁薯 2 号、鲁薯 3 号、鲁薯 7 号、济薯 10 号等。

（2）培育无病壮苗。用无病床土育苗，用 52~54℃温水恒温浸种薯 10min，在苗床上 35~37℃高温催芽 3d，苗床上采苗用高剪苗。

（3）建立无病留种田，轮作换茬。

（4）入窖种薯认真精选，严防病薯混入传播蔓延。

（5）药剂防治。用 45%代森铵水剂 200~400 倍液或用 36%甲基硫菌灵悬浮剂 1 000 倍液浸种。薯苗实行高剪后，用 50%甲基硫菌灵可湿性粉剂 1 500 倍液浸苗 10min，要求药液浸至种藤 1/3~1/2 处。

三、病毒病

（一）症状

甘薯病毒病的发生与其毒原种类、品种、生育期、环境等因素有很大关系，可以分成 6 类，一是在幼苗及发病初期，叶片表面有明脉或浅绿色的半透明斑点，晚期为深紫褐色或紫环，多数品种的叶片上会有紫羽；二是花叶型，病株早期叶脉呈半透明的网纹，到了晚期，叶片上有不规则的黄绿斑点；三是卷叶型，叶片边缘向上弯曲，最严重的叶片为杯状；四是叶卷曲型，病株叶片较少，边缘呈不规则或弯曲，具有一条与中央脉平行的褪绿色的半透明斑；五是叶片黄化，出现黄色的叶带状和网状；六是薯片裂开的表皮呈现暗褐色或褐色的条状裂纹，储存后的薯块肉中有木质栓塞，肉片在切开时会有黄斑。

（二）防治

1. 加强检疫

调运带毒种薯、种苗是病毒病远距离传播的主要途径，尽量减少跨区域调运，同时禁止调运含有病毒病的种薯和薯苗；生产中要加强产地检疫，留种田一旦发现病株要及时销毁并将全田转为商品薯。

2. 选用抗病毒病的甘薯品种

选择抗性较好、无畸形、无病害症状的薯块作为种薯，禁止在发生过病毒病的地块育苗。

3. 培育和推广脱毒种苗、种薯

利用基因工程将具有抗病毒病的基因转入甘薯中，获得抵抗病毒病的转基因植株；也可采用组织培养法进行茎尖脱毒，培养无病种薯、种苗，减少传染源。

4. 加强田间管理

施足基肥，增施有机肥，促进甘薯植株生长，增加抗病力，减轻为害；合理密植，以每亩种植 3 300 株为宜，创造不利于传毒媒介繁殖的田间小气候；苗床上发现病苗要立即连同种薯带苗全部剔除，大田中发现病株要及时拔除、集中销毁后补栽健苗；接触过病株的工具要及时消毒。

5. 防治传毒昆虫

可在育苗大棚通风口设置防虫网、苗床上悬挂粘虫黄板等，起到隔离、诱杀烟粉虱、蚜虫等传毒昆虫的目的；也可在传毒昆虫发生初期选用 24% 噻嗪酮可湿性粉剂 1 000～1 500 倍液，或 3% 啶虫脒微乳剂 1 000 倍液，或 2.5% 联苯菊酯乳油 1 000 倍液，或 25% 噻嗪酮·啶虫脒微乳剂 3 000～5 000 倍液，或 70% 吡虫啉可湿性粉剂 2 000～2 500 倍液，或 1.8% 阿维菌素乳油 1 500 倍液等，喷雾防治。

四、软腐病

（一）症状

甘薯软腐病是采收及贮藏期重要病害。薯块染病，初在薯块表面长出灰白色霉，后变暗色或黑色，病组织变为淡褐色水浸状，后在病部表面长出大量灰黑色菌丝及孢子囊，黑色霉毛污染周围病薯，形成一大片霉毛，病情扩展迅速，2～3d 整个块根即呈软腐状，发出恶臭味。

(二) 防治

(1) 适时收获，避免冻害，夏薯应在霜降前后收完，秋薯应在立冬前收完，收薯宜选晴天，避免伤口。

(2) 入窖前精选健薯，汰除病薯，把水汽晾干后适时入窖。提倡用新窖，旧窖要清理干净，或把窖内旧土铲除露出新土，必要时用硫黄熏蒸，每立方米用硫黄 15g。

(3) 科学管理。对窖贮甘薯应据甘薯生理反应及气温和窖温变化进行 3 个阶段管理。一是贮藏初期，即甘薯发干期，甘薯入窖 10～28d 应打开窖门换气，待窖内薯堆温度降至 12～14℃时可把窖门关上。二是贮藏中期，即 12 月至翌年 2 月低温期，应注意保温防冻，窖温保持在 10～14℃，不要低于 10℃。三是贮藏后期，即变温期，从 3 月起要经常检查窖温，及时放风或关门，使窖温保持在 10～14℃。

五、甘薯根腐病

(一) 症状

苗床、大田均可发病。苗期染病病薯出苗率低、出苗晚，在吸收根的尖端或中部出现黑褐色病斑，严重的不断腐烂，致地上部植株矮小，生长慢，叶色逐渐变黄。大田期染病受害根根尖变黑，后蔓延到根茎，形成黑褐色病斑，病部表皮纵裂，皮下组织变黑，发病轻的地下茎近地际处能发出新根，虽能结薯，但薯块小；发病重的地下根茎大部分变黑腐败，分枝少，节间短，直立生长，叶片小且硬化增厚，逐渐变黄反卷，由下向上干枯脱落，最后仅剩生长点 2～3 片嫩叶，全株枯死。

（二）防治

（1）选用抗病品种。

（2）适时早栽，栽无病壮苗，深翻改土、增施净肥、适时浇水。

（3）建立三无留种地，培育无病种薯。

（4）与花生、芝麻、棉花、玉米、高粱、谷子、绿肥等作物进行3年以上轮作。

六、麦蛾

（一）症状

甘薯麦蛾又叫甘薯卷叶虫、甘薯卷叶蛾，属鳞翅目麦蛾科，主要为害甘薯、山药等旋花科植物。幼虫啃食新叶、幼芽呈网状，幼虫钻入芽中，虫体长大后啃食叶肉，仅剩下表皮，致被害部变白，后变褐枯萎。发生严重时仅残留叶脉，长大后把叶卷起咬成孔洞。

一年发生3~4代，以蛹在田间残株和落叶中越冬，越冬蛹在6月上旬开始羽化，6月下旬在田间即见幼虫卷叶为害，8月中旬以后田间虫口密度增大，为害加重，10月末老熟幼虫化蛹越冬。成虫趋光性强，行动活泼，白天潜伏，夜间在嫩叶背面产卵。幼虫行动活泼，有转移为害的习性，在卷叶或土缝中化蛹。7—9月温度偏高，湿度偏低年份常引起大发生。

（二）防治

（1）农业防治。开始见幼虫卷叶为害时，要及时捏杀新卷叶中的幼虫或摘除新卷叶。秋后及时清洁田园，消灭越冬蛹，降低田间虫源。

（2）物理防治。在大面积种植田，利用成虫的趋光性用杀虫灯诱杀成虫。

（3）药剂防治。在幼虫发生初期防治，施药时间以16—

17时最好。药剂可选用2%天达阿维菌素乳油1 500倍液，或48%天达毒死蜱1 000倍液、20%除虫脲悬浮剂1 500倍液、20%杀灭菊酯乳油3 000倍液、2.5%溴氰菊酯乳油2 500倍液等，收获前10d停止用药。

第六节　机收减损及贮藏

一、机收减损

做好收前准备。中南部受淹地块要立即排涝，提高土壤透气性，降低土壤湿度和薯块的浸泡程度。做好收获机械的检修、维护和贮藏库的清理、消毒等各项准备工作。

抓紧抢收。由于留给甘薯收获的时间窗口较短，要合理统筹不同地块的收获顺序。具备收获条件的要及时进地收获，防止后期连续降雨及早霜冻。收获时注意保护薯皮，尽量轻拿轻放，减少农机具、机械等对薯皮的碰撞和损伤，避免病菌通过伤口入侵薯块，导致后期发病烂薯；选用透气性良好的纱网袋。

二、贮藏

（一）因地制宜，建造薯窖

甘薯不耐低温，易生冻害，前期贮藏需通风散热，后期需保温防寒。因此，生产上常选择窖藏，以长期贮藏。

（二）适时收获，分类入窖

收获过早影响产量，收获过晚薯块易受冻害。一般在10月下旬气温稳定在15℃、甘薯停止生长时开始收获，到12℃时入窖结束。从时令上看，到霜降时入完窖为佳，中原地区最迟必须于10月底前入窖结束。

收获时，应选择无风晴暖天气，上午收获，下午入窖。在田间晾晒 2~3 个小时，可促进薯块伤口愈合。当天收刨当天入窖，以防薯块受冻。

（三）合理堆放，做好灭菌处理

为控制窖藏期间的黑斑病，中小型屋窑窖可分别采用高温处理和药剂处理的方法进行灭菌。

采用高温灭菌的屋窑窖，在甘薯入窖结束后，立即封严门窗，点火升温，使上层温度达到 38℃，下层温度达到 35℃，恒温 35~38℃保持四昼夜，可达到高温灭菌的目的，之后迅速降至 15℃即可。

第五章　马铃薯

第一节　选地与整地

一、选地

马铃薯适宜于土层深厚、结构疏松、排水透气良好且富含有机质的土壤。忌重茬连作，最好选用前茬为葱蒜类、禾谷类作物的地块，轮作年限一般为 2~3 年。不宜与茄科类作物如番茄、辣椒、茄子等轮作，也不宜与根菜类如甘薯、胡萝卜等同属喜钾的作物轮作。据试验，马铃薯连作或与茄科类轮作 3 年，可减产 2/3 以上。

二、整地

首先要清除前茬残留物，深耕细耙，达到田平土碎。增施有机肥，不但可改良土壤，而且能提高马铃薯品质。马铃薯为喜钾作物，每生产 1 000kg 鲜薯需要吸收氮 5.5kg、磷 2.2kg、钾 10.2kg。可在冬前深耕、浇水、晒垡，同时亩施优质有机肥 2 500~3 000kg。播前通过浅耕，亩用硫酸钾 25kg、过磷酸钙 20kg、尿素 10kg 撒施地面，用旋耕耙打入土壤。然后起垄，垄间距 80~90cm，垄面宽 50~60cm，垄高 20~25cm。单垄双行，垄内小行距 15~20cm，株距 20~26cm。

第二节　种薯处理与播种

一、种薯切块

提倡小整薯播种，小整薯具有生命力强、抗旱性强、易发芽、幼苗健壮、可避免病菌交叉感染等特点。生产上没有那么多小种薯时，可采取大薯切块。切刀要严格消毒，可用75%乙醇或0.5%的高锰酸钾液擦洗或浸没消毒。顶芽基部芽出苗早3~5d，一般增产20%左右。生产中切块要从种薯顶部纵切成两块或多块，但必须使每块有1~2个芽眼，每块重不少于25g。

二、催芽

春季可在温室或塑料大棚内进行，秋季在凉爽通风的室内进行。催芽前要先用清水洗去切口淀粉，置阴凉干燥处阴干4~8h。然后先在地面铺一层厚10cm左右的干净湿河沙（以手捏成团松手便散为宜），床宽1m，长度依据实际情况而定。将种薯均匀摊于苗床上，注意不可使种薯重叠，芽眼须朝上，接着用沙土盖没薯块，如此可安放2~3层，最后压紧床面。当芽长至1~2cm时扒出放在有光线的地方铺成单层炼芽，当2~3d芽由白变绿、变粗壮后即可播种。

三、播种

马铃薯块茎的芽在4℃以上就能萌动，最适萌发温度为12~16℃，18~25℃时发芽迅速，但长成的幼苗苗体弱小。终霜日向前推30d为适宜播种期，地膜覆盖，当气温稳定在5~7℃时，就可播种。垄上开沟深8~10cm，放种薯时使薯芽向上，播种覆平土后覆盖地膜。播种时土壤墒情不好要开沟浇水后再播种。播种量每亩 120~150kg（春季稍少、秋季稍多）。

第三节　田间管理

一、及时放苗

播种后 25d 左右开始出苗，覆盖地膜的要注意及时破膜扒苗，防止烧苗。破膜时顺着苗头略偏方向进行，一般在晴天上午进行为好，划膜口不要大，一般在 3~5cm。将苗引出后要及时封口，以防地膜内过高温度的气流灼伤幼苗，也有利于提高保温效果，促苗苗壮生长。

二、水肥管理

从出苗至 6~7 叶为幼苗期，主要是茎叶生长，不是特别干旱，一般不用浇水，以便提高地温，促进营养生长。孕蕾至开花初期块茎开始形成，是确定薯块数目关键期；有徒长迹象的现蕾期喷一次 50mg/kg 多效唑。盛花至茎叶衰老是块茎增长盛期，薯块体积、重量都迅速增加，是一生需要肥水最多的时期，占全生育期的 50%；如果基肥不足，应在现蕾后 10~15d，结合浇水每亩追施氮、磷、钾（15:15:15）硫酸钾型复合肥 12~15kg，促块茎迅速膨大；在土壤肥力好、基肥充足的条件下，可以不追肥；结薯期要避免大水漫灌，防止薯块腐烂。茎叶衰老至枯萎是淀粉积累期，块茎体积不再增大，重量继续增加，直至茎叶完全枯萎；收获前 10d 停止浇水。在施足基肥的前提下，从展叶起，每 10d 叶面喷 1 次 0.1%硫酸镁、0.3%磷酸二氢钾、三十烷醇混合液，连喷 3~5 次，可显著提高产量。

第四节 病虫害统防统治

一、晚疫病

（一）症状

马铃薯晚疫病在整个生育期及贮藏期均可发病，主要侵害叶片、叶柄、茎和薯块（块茎）。叶片染病，先在叶尖和叶缘着生水浸状褪绿色斑点，病斑周围有浅绿色的晕圈。湿度大时病斑迅速扩大，呈褐色，可扩展到叶的大半甚至全叶，病斑与健康部位无明显的分界，病斑边缘有一圈白色稀疏的霉层（孢囊梗和孢子囊），尤其叶背更为明显。天气干燥时，病斑变褐干枯，质脆易裂，无白色霉层，且扩展速度减慢。严重时病斑扩展到主脉或叶柄。叶柄染病，出现褐色条斑，严重时叶片萎垂、卷缩，最后导致全株黑腐，全田呈现一片枯焦，散发出腐败气味。茎部很少直接被病菌侵染，但叶片上的病斑可顺叶柄一直扩展至茎部，在茎上形成长短不一的褐色条斑。湿度大时病斑偶尔也可发生白色霉层。组织受害后坏死，可导致地上茎软化甚至崩解，造成茎上部的枝叶萎蔫下垂，变褐枯死。薯块染病，初期形成淡褐色或紫色不规则病斑，稍凹陷，病斑下面的薯肉呈深度不同的褐色坏死，逐渐向四周扩大、腐烂。贮藏期薯块表面出现紫色或暗色凹陷斑，深入薯内1cm，湿度大时病部产生白色霉层，造成"烂窖"。

（二）防治

（1）选择抗病品种，选择健康种薯。低洼地块要注意开沟排水；结合中耕培土，阻止病原渗入块茎。

（2）建设马铃薯晚疫病监测预警站，可实时提供晚疫病发生预警信息和最佳药剂防治时间。

（3）用0.3%的68%精甲霜·锰锌可湿性粉剂拌种，防效79%～83%，且增产效果明显。

（4）在发病初期喷洒25%嘧菌酯悬浮剂1 000倍液或68%精甲霜·锰锌水分散粒剂600倍液、50%烯酰吗啉·乙铝可湿性粉剂600倍液、70%锰锌·乙铝或10%氰霜唑悬浮剂2 000～2 500倍液、69%锰锌·烯酰可湿性粉剂600倍液、70%的丙森锌可湿性粉剂700倍液。

（5）在晚疫病发生前期喷施霜脲氰+代森锰锌、代森锰锌和苦参碱即可有效防治，但要注意为了避免抗药性的产生，内吸性药剂喷施要交替1～2次。

（6）马铃薯晚疫病发生后期，建议使用霜霉威+氟吡菌胺和双炔酰菌胺，能够有效控制病害发展。

二、黑胫病

（一）症状

主要为害植株茎基部和块茎。染病植株矮小细弱，叶片黄化上卷，茎基以下组织发黑腐烂，不能结薯，根系不发达。田间最明显症状是茎基部变黑褐色，软化腐烂，茎秆容易从土中拔出。顶端带有烂母薯，维管束变褐色。

（二）防治

（1）选用抗病品种。

（2）选用无病种薯，建立无病留种田。

（3）切块用草木灰拌种后立即播种。

（4）适时早播，促使早出苗。

（5）发现病株及时挖除，特别是留种田更要细心挖除，减少菌源。

（6）种薯入窖前要严格挑选，入窖后加强管理，窖温控制在1～4℃，防止窖温过高，湿度过大。

三、环腐病

（一）症状

马铃薯环腐病是一种细菌性维管束病害，它引起地上部茎叶萎蔫，地下茎沿维管束发生环状腐烂，常造成死苗、死株，严重影响产量。一般在开花期出现症状。先从下部叶片开始，逐渐向上发展到全株。初期叶脉间褪绿，逐渐变黄，叶片边缘由黄变枯，向上卷曲。常出现部分枝叶萎蔫，这种病菌主要生活在茎和块茎的输导组织中，基部横切开后，可见周围一圈输导组织变为黄色或褐色，或环状腐烂，用手一挤，就流出白色菌脓，薯肉与皮层分开。

（二）防治

（1）选用抗病品种。选用适合当地种植的优质、抗病品种。

（2）整薯播种。为了避免切刀传染，采用小型种薯整块播种，可减少病害的发生。

（3）加强管理。发现病株，及时拔除并销毁，以减少病源。

（4）药剂防治。发病初期可用50％DT可湿性粉剂500倍液，或50％百菌清可湿性粉剂500倍液，或72％农用链霉素4 000倍液。7~10d防1次，连防2~3次。交替用药，效果较好。

四、地下害虫

（一）症状

常见为害马铃薯的地下害虫有金针虫、地老虎、蛴螬、蝼蛄等，金针虫主要在播种后出苗前为害种薯和根系；地老虎在马铃薯幼苗期为害种薯和茎；蛴螬主要为害地下嫩茎、地下茎和块茎，进行咬食和钻蛀；蝼蛄主要为害地下茎和根，使地上部萎蔫或死亡，有时也咬食芽块，使萌芽不能生长，造成缺苗。其中以地老虎为害较重，常年中等发生。

（二）防治

（1）秋季深翻地、深耙地。破坏它们的越冬环境，冻死准备越冬的大量幼虫、蛹和成虫，减少越冬数量，减轻翌年为害。

（2）清洁田园。清除田间、田埂、地头、地边和水沟边等处的杂草和杂物，并带出地外处理，以减少幼虫和虫卵数量。

（3）诱杀成虫。利用糖蜜诱杀器和黑光灯、鲜马粪堆、草把等，分别对有趋光性、趋糖蜜性、趋马粪性的成虫进行诱杀可以减少成虫产卵，降低幼虫数量。

（4）药剂防治。使用毒土和颗粒剂：播种时每亩用1%敌百虫粉剂3~4kg，加细土10kg掺匀，或用3%呋喃丹颗粒剂1.5~2kg及大风雷等，顺垄撒于沟内，毒杀苗期为害的地下害虫；或在中耕时把上述农药撒于苗根部，毒杀害虫。灌根：用40%的辛硫磷1 500~2 000倍液，在苗期灌根，每株50~100mL。使用毒饵：小面积防治还可以用上述农药，掺在炒熟的麦麸、玉米或糠中，做成毒饵，在晚上撒于田间。

五、蚜虫

（一）症状

第一种是直接为害。蚜虫群居在叶子背面和幼嫩的顶部取食，刺伤叶片吸取汁液，同时排泄出一种黏物，堵塞气孔，使叶片皱缩变形，幼嫩部分生长受到妨碍，直接影响产量。第二种是取食过程中，例如桃蚜，把病毒传给健康植株，引起病毒病，造成退化现象，还会使病毒在田间扩散，使更多植株发生退化。有时也为害贮藏期间块茎的幼芽，从而将病毒传给病薯。

（二）防治

（1）农业防治。及时清除田间杂草；及时清理越冬场所。

（2）生物防治。利用蚜虫的天敌是有效的生物防治手段。瓢虫科的甲虫和黄蜂以蚜虫为食，也可利用蚜霉菌防治蚜虫。

（3）药剂防治。一是穴施内吸颗粒杀虫剂，用70%灭蚜松可湿性粉剂，在播种时穴施于种薯周围，每亩用90g，控蚜残效期可到60d；或用3%乙拌磷颗粒剂，每亩用2~2.7kg，控蚜残效期可达70d，并可结合防治晚疫病；二是喷雾杀蚜，采用0.1%灭蚜松、0.2%敌百虫或10%吡虫啉（蚜虱净）可湿性粉剂每亩用1~1.5kg兑水喷雾，或用杀灭菊酯3 000~4 000倍液喷雾。一般在出齐苗后进行第一次喷药，以后每隔10~20d，根据蚜虫数量喷药1次。

第五节　机收减损及贮藏

一、机收减损

除秧。收获前2~4周，用割秧、拉秧、烧秧或化学药剂等方法除秧。

收获前检修收获农具备用，准备好入窖前的临时预贮场所等。

收获过程应注意：避免使用工具不当而大量损伤块茎；防止块茎大量遗漏在土中，用机械收或畜力犁收后应再复查或耙地捡净；先收种薯后收商品薯，不同品种分别收获，防止收获时的混杂；收获的薯块要及时运走，不能放在露地，更不能用发病的薯秧遮盖，要防止雨淋和日光暴晒；如果收获时地块较湿，应在装袋和运输贮藏前，使薯块表面干燥。

二、常见贮藏方法及管理

窖藏。井窖或窑窖每窖可贮 3 000~3 500kg，不能装得太满，并注意窖口的开闭，棚窖窖顶覆盖层要增厚，窖身加深，以免冻害。窖内薯堆高度不超过 1.5m。

通风库。一般堆高不超过 2m，堆内设置通风筒。码垛贮放易于管理。薯堆周围都要留有一定空隙以利通风散热。

冷藏。冷库中堆藏也可以装箱堆码。将温度控制在 3~5℃，相对湿度 85%~90%。

第六章　花　生

第一节　播前准备

一、品种选择

选择结果集中、结果深度浅、适收期长、不易落果、荚果外形规则的优质、高产、抗逆性强，适合机械化生产的直立型抗倒伏品种。

二、土壤条件与地块选择

花生种植地块应选择地势平坦，土层深厚，耕层松软，土壤肥力较高，保肥、保水性较强的沙壤土或轻沙壤土。在一定范围内，花生产量随土层厚度增加而增加。地膜覆盖花生一般应冬前深耕，耕翻深度大于25cm，早春顶凌耙地，地块一定要地面平整，上松下实，以确保播深一致。

三、土地整理与施肥

春播花生在前茬作物收后，应及时进行深翻，耕翻深度一般在22~25cm，要求深浅一致，无漏耕，覆盖严密。在冬耕基础上，播前精细整地，保证土壤表层疏松细碎，平整沉实，上虚下实，拣出大于5cm的石块、残膜等杂物。夏播花生在前茬作物收获后，也应及时耕整地，达到土壤细碎、无根茬。对于病虫害发生较严重的地块应结合土地耕整，同时进行基肥施用和土壤处理。花生施肥应按照亩增施有机肥 1~2m³，施氮、磷、钾配比为 16：12：12 的配方肥 40~50kg，并根据不同地区或地块土壤养分丰歉情况，适当增加微量元素（钙、铁、硼、锌等）肥料的施用。

四、种子准备

种粒大小一致，种子纯度 96% 以上，种子净度 99% 以上，籽仁发芽率 95% 以上。播种前，按农艺要求选用适宜的种衣剂，对花生种子进行包衣（拌种）处理，处理后的种子，应保证排种通畅，必要时需进行机械化播种试验。

五、地膜选择

选用宽度适宜、不破损、抗拉强度高的优质地膜，膜宽以 850~900mm 为宜，厚度为 0.005~0.006mm，要求断裂伸长率（纵/横）100%，伸展性好，以利于机械化覆膜及机械化回收。

第二节 播 种

花生机械化播种可以同时完成起垄、施肥、播种、镇压、喷洒除草剂、覆膜、膜上覆土等全部工序，作业效率高，适应农艺技术要求，便于机械收获，增产效果显著。据测算，机械播种花生比人工种植多 1 000 余株，亩增产 50kg 以上。每小时播种 2 亩，是人工种植的 20 倍。还可以节省人工，减轻劳动强度，是今后花生规模化种植的方向。

现在花生覆膜播种机主要机型有与手扶拖拉机配套的 2BFS-2K 型、2BFD-2S 型、2BFD2-270F 型，或与小四轮拖拉机配套的 2BFS-2 型、2MB-1/2 型等机型，一般作业两行，每小时生产率为 2 亩左右；也有与中型拖拉机配套的 2MB-2/4 型等机型，可作业四行。

一、播期选择

花生的播期要与自然条件、栽培制度和品种特性紧密结合，根据地温、墒情、种植品种、土壤条件及栽培方法等全面考虑，灵活掌握。春播花生适播期为4月下旬到5月上旬，地膜覆盖栽培可提前10d左右播种。播种前5d，5cm日平均地温达15℃以上为适宜播期，播期选择注意收获期避开雨季。坚持足墒播种，播种时5~10cm土层土壤含水量不能低于15%，如果墒情不足，旱地要等墒播种，有水利条件的应提前浇水造墒。

二、播种深度

要根据墒情、土质、气温灵活掌握，一般机械播种以5cm左右为宜。沙壤土、墒情差的地块可适当深播，但不能深于7cm。土质黏重、墒情好的地块可适当浅播，但不能浅于3cm。

三、播种密度

花生机械播种为穴播，机械播种要求双粒率在85%以上，穴粒合格率在95%以上，空穴率不大于2%。大粒花生以每亩8 000~10 000穴，小粒花生以每亩9 000~12 000穴为宜，每穴2粒，穴距一般13~25cm。一般情况下，播种早、土壤肥力高、降水多、地下水位高的地方，或播种中晚熟品种，播种密度要小。播种晚、土壤瘠薄、中后期雨量少、气候干燥、无水利条件的地方，或播种早熟品种，播种密度宜大。

四、播种要求

花生播种一般采用一垄双行（覆膜）播种和宽窄（大小）行平作播种。

（一）一垄双行

垄距控制在 80～90cm，垄上小行距 28～33cm，垄高 10～12cm，穴距 14～20cm。同一区域垄距、垄面宽、播种行距应尽可能规范一致。覆膜播种苗带覆土厚度应达到 4～5cm，利于花生幼苗自动破膜出土。

易涝地宜采用一垄双行（覆膜）高垄模式播种，垄高 15～20cm，以便机械化标准种植和配套收获。

（二）平作播种

等行平作模式应改为宽窄行平作播种，以便机械化收获。宽行距 45～55cm，窄行距 25～30cm。在播种机具的选择上，应尽量选择一次完成施肥、播种、镇压等多道工序的复式播种机。其中，夏播花生可采用全秸秆覆盖碎秸清秸花生免耕播种机进行播种。

（三）播种作业

质量要求机播要求双粒率在 75% 以上，穴粒合格率在 95% 以上，空穴率不大于 2%，破碎率小于 1.5%。所选膜宽应适合机宽要求。作业时尽量将膜拉直、拉紧，覆土应完全，并同时放下镇压轮进行镇压，使膜尽量贴紧地面。

第三节　田间管理

一、中耕施肥

在始花期前完成中耕追肥作业。可选用带施肥装置的中耕机一次完成中耕除草、深施追肥和培土等工序。在农业技术人员的指导下科学配方施肥。增施有机肥，适当配施控释肥和微肥。氮、磷、钾配施，常规化肥与控释肥配施；因地制宜施用微肥，应根据不同地区或地块土壤养分丰歉情况，适当增加微量元素（硼、锌、钙、铁等）肥料的施用。

二、病虫害防治

根据病虫害发生情况，结合植保部门的预测预报，选择适宜的药剂和施药时间。在植保机具选择上，可采用机动喷雾机、背负式喷雾喷粉机、电动喷雾机、农业航空植保等机具。机械化植保作业应符合喷雾机（器）作业质量、喷雾器安全施药技术规范等方面的要求。除草剂一般选用72%异丙甲草胺乳油（亩用量100mL），均匀喷施于垄面，可有效防除一年生禾本科杂草和部分阔叶杂草。

三、化控调节，防徒长倒伏

花生盛花到结荚期，株高超过35cm，有徒长趋势的地块，须采用化学药剂进行控制，防止徒长倒伏。喷洒器械应选择液力雾化喷雾方式。如采用半喂入花生联合收获，还应确保花生秧蔓到收获期保持直立。

四、排灌

花生生育期间干旱无雨，应及时灌溉；如雨水较多、田间积水，应及时排水防涝以免烂果，确保产量和质量。

第四节　病虫害统防统治

一、叶斑病

（一）症状

花生叶斑病主要包括花生黑斑病、花生褐斑病和花生网斑病等，多混合发生于同一植株甚至同一叶片上。褐斑病发生较早，约在初花期即开始在田间出现，黑斑病和网斑病发生较晚，大多在盛花期才开始在田间出现。轮作地发病轻，连作地发病重。重茬年限越长，发病越重，往往不到收获季节，叶片就提前脱落，这种早衰现象常被误认为是花生成熟的象征。

（二）防治

（1）农业防治。选用抗耐性品种或无病种子。适期播种。合理密植。避免偏施氮肥，增施磷、钾肥，适当增补钙肥。适时喷洒植物生长调节剂，调控植株生长。雨后清沟排水，降低湿度。花生收获后，及时清除田间病残体，集中烧毁或沤肥，及时深耕土壤。重病田与非寄主作物实行2年以上轮作。

（2）药剂防治。在发病初期，当黑斑病、褐斑病为害致田间病叶率达到10%以上，或者网斑病为害致田间病叶率达到5%以上时，及时喷洒药剂进行防治。

每亩可用50%多菌灵悬浮剂50~60mL，或75%百菌清可湿性粉剂110~130g，或10%苯醚甲环唑水分散粒剂50~80g，或80%代森锰锌可湿性粉剂60~70g，或12.5%烯唑醇可湿性粉剂30g，或25%戊唑醇可湿性粉剂30g，或50%硫黄·多菌灵可湿性粉剂160~240g，或25%多·锰锌可湿性粉剂100~200g，兑水40~50kg喷雾。可兼治叶斑病及焦斑病、炭疽病、锈病、疮痂病等病害。喷药时宜加入0.03%有机硅或0.2%洗衣粉做展着剂，间隔10~15d喷1次，连喷2~3次。

二、花生茎腐病

（一）症状

花生茎腐病俗称倒秧病，是花生上的毁灭性病害。花生苗期和成熟期均可发生，发生盛期主要在6月中下旬花生团棵期和8月上中旬花生结果期，造成植株团棵期单株状急性枯死、结果期成片状缓慢枯死。果荚往往腐烂发芽或种仁不满，造成严重损失，一般田地发病率为10%～20%，重者可达

50%~60%，甚至颗粒无收，发病越早损失越大。

（二）防治

（1）农业防治。选用抗（耐）病品种、无病种子，无病田留种，防止种子受潮发霉，播种前精选、晒种；适时播种，播种不宜过深；配方施肥，施足基肥，追施草木灰，施用充分腐熟的有机肥；雨后及时排除积水，播种后遇雨及时松土；清除病残体，深翻土壤，精细整地；提倡与玉米等非寄主作物实行2~3年轮作。

（2）种子处理。按种子重量可选用0.6%~0.8%的2.5%咯菌腈悬浮种衣剂，或0.2%~0.4%的3%苯醚甲环唑悬浮种衣剂，或1.7%~2%的25%多·福·毒死蜱悬浮种衣剂，或2%~2.5%的15%甲拌·多菌灵悬浮种衣剂，或0.1%~0.3%的50%异菌脲可湿性粉剂，或0.04%~0.08%的35%精甲霜灵种子处理乳剂，或0.1%~0.3%的12.5%烯唑醇可湿性粉剂等包衣或拌种。

（3）药剂防治。花生齐苗后至开花前，或发病初期，当病株（穴）率达5%时，可选用50%多菌灵可湿性粉剂，或70%甲基硫菌灵可湿性粉剂，或50%苯菌灵可湿性粉剂等600~800倍液，喷洒花生茎基部或灌根，使药液顺茎蔓流到根部；或选用12.5%烯唑醇可湿性粉剂1 000~2 000倍液，或25%戊唑醇水乳剂1 500~2 000倍液，或20%三唑酮乳油1 500~2 000倍液，或40%丙环唑乳油2 000~2 500倍液，均匀喷雾或喷淋花生茎基部，每亩喷药液40~50kg，或每穴浇灌药液0.2~0.3kg，发病严重时，间隔7~10d防治1次，连续防治2~3次，药液交替使用，喷足淋透。

三、蚜虫

（一）症状

蚜虫自花生种子发芽到收获期均可为害，以花期前后为害最重。成虫和若虫群集在花生嫩叶、嫩芽、花柄、果针等幼嫩部位刺吸汁液，致叶片变黄卷缩，生长缓慢或停止，植株矮小，影响开花下针和荚果发育。蚜虫排出大量蜜露，引起霉污寄生，影响光合作用。蚜虫还能传播花叶病毒病。

春末夏初气候温暖，雨量适中利于该虫发生、繁殖。旱地、坡地及生长茂密地块发生重。瓢虫、草蛉、食蚜蝇、蚜茧蜂等天敌对其发生有抑制作用。

（二）防治

防治蚜虫的直接为害，可同时预防花生病毒病，防治宜早不宜晚。

（1）农业防治。忌间作或邻作豌豆类作物，花生田块周围尽量避免种植豌豆等寄主植物；清洁田园，铲除田间及周边杂草、残株、落叶。

（2）生物防治。保护利用天敌，当瓢虫与蚜虫比达1：（80~100）时，可利用天敌控制蚜虫，不施农药。

（3）种子处理。用60%吡虫啉微囊悬浮剂30~45g，拌花生种子12.5~15kg；或选用种子量0.3%~0.6%的70%噻虫嗪种子处理可分散粉剂，或种子量2.8%~4%的25%甲·克悬浮种衣剂包衣或拌种。

（4）生长期防治。在蚜株率达30%，或百株蚜量达1 000头以上，益害比大于1：100（即害虫数在100头以上）时，应立即喷药防治。

一般在有翅蚜向花生地迁移高峰后2~3d，每亩用10%吡虫啉可湿性粉剂20g，或2.5%溴氰菊酯乳油20mL，或5%啶虫脒乳油20mL，或50%抗蚜威可湿性粉剂15~20g，或2.5%高效氯氟氰菊酯乳油20~30mL，或48%毒死蜱乳油50~80mL，或25%辛·氰乳油30~50mL，兑水40~50kg喷雾，间隔7~10d防治1次，连续防治2~3次。

四、甜菜夜蛾

（一）症状

甜菜夜蛾是一种暴发性、杂食性害虫。在花生上发生较重，玉米、大豆、甘薯等其他作物上呈间歇性发生。初孵幼虫群集叶背，吐丝结网，在网内取食叶肉，留下表皮，形成透明的小孔。3龄后分散为害，可将叶片吃成孔洞或缺刻，严重时仅余叶脉和叶柄，致花生苗死亡，造成缺苗断垄。

（二）防治

（1）农业防治。秋末初冬耕翻地可消灭部分越冬蛹；春夏季节，结合田间操作，摘除叶背面卵块和低龄幼虫团，集中消灭。

（2）物理防治。在成虫发生期，集中连片应用佳多频振式杀虫灯、450W高压汞灯、20W黑光灯、性诱剂诱杀成虫。

（3）生物防治。保护和利用草蛉、猎蝽、蜘蛛、步甲等天敌；在卵孵化盛期至低龄幼虫期，亩用5亿PIB/g甜菜夜蛾核型多角体病毒悬浮剂120～160mL，或16 000国际单位/mg苏云金杆菌可湿性粉剂50～100g喷雾。

（4）药剂防治。幼虫2龄以前抗药性最弱，是用药防治的最佳时期，防治最迟不能超过3龄。3龄以后分散为害且抗性增强，药剂防治效果很差。可用20%灭幼脲悬浮剂800倍液，或5%氟虫脲分散剂3 000倍液喷雾防治。

甜菜夜蛾幼虫晴天18时以后会向植株上部迁移，因此应在傍晚喷药防治，注意叶面、叶背均匀喷雾，使药液能直接喷到虫体及其为害部位。

五、蛴螬

（一）症状

蛴螬是金龟子的幼虫，为害重的主要有华北大黑鳃金龟子、暗黑鳃金龟子、铜绿丽金龟子。主要以幼虫为害花生的地下荚果和根茎，造成空果和死苗，对花生的产量和品质影响很大。

（二）防治

（1）农业防治。实行小麦、玉米、谷子、高粱、花生隔年或几年轮作，可打乱蛴螬的食物链，削弱其繁殖能力。大面积秋、春耕，使用腐熟有机肥，降低虫口数量。

（2）诱杀成虫。可利用金龟子的趋光性，安装杀虫灯诱杀成虫。也可在花生田种植蓖麻诱杀成虫。还可在成虫出土高峰期，用新鲜带叶杨柳枝浸泡辛硫磷乳油制成毒枝，诱杀成虫。收获时结合捡拾花生，捡拾成熟幼虫，集中灭杀。

（3）播种期防治。对轻发生区实施种子处理：用种子量0.2%的50%辛硫磷乳油，或种子量2%的35%克百威种衣剂拌种，拌种后堆闷3~4h，晾干后再播种。对重发生区实施土壤处理：每亩用50%辛硫磷乳油200~250mL，加10倍水，拌细土25~30kg成毒土，顺垄条施，随撒随犁。

（4）生长期防治。于6月下旬至7月上旬，即花生下针期施药，此时正是1龄幼虫对药剂敏感的时期。可用撒毒土的方法，每亩选用48%毒死蜱乳油或40%辛硫磷乳油300~500mL，或10%毒死蜱颗粒剂200g，把毒土撒施在花生棵周围，随后中耕，撒施毒土后进行灌溉效果更好。

第五节 机收减损及贮藏

一、机收减损

一台收割机一天就可以完成60亩的花生采收量，极大地提高了花生的采摘效率。自走式花生收获机的摘果率在97%以上，花生的破损率、裂果率极低，整体的采摘效率高，可一次性完成输送、摘果、集果、清秧作业。

二、贮藏

1. 花生果贮藏

花生果在仓内或露天散存均可，只要水分控制在 9%～10%，就能较长期贮存。在冬季水分较大但不超过 15% 的花生果，可以露天小囤贮存，经过冬季通风降水后，到翌年春暖前再转入仓内保管。水分超过 15% 的花生果，温度过低时，会遭受冻伤，必须降低水分后方能保管。花生果仓内散装密闭，水分 9% 以下，温度不超过 28℃，一般可作较长期保管。

2. 花生仁贮藏

贮藏花生仁要切实把握好干燥、低温、密闭 3 个环节。

（1）控制水分。花生仁长期保管的安全水分为 8%；水分在 9% 以内的基本安全；水分在 10% 以内的冬季可短期保存；水分 10% 以上的必须及时处理，不能长期保存。

（2）保持低温。水分在 8% 以下，温度不超过 20℃ 可以长期保存。超过此温度界限，脂肪酸显著增加，引起酸败。

（3）密闭保管。密闭可以防止虫害感染和外界温湿度的影响，有利于保持低温，是保管花生仁的主要方式。

第七章 油 菜

第一节 整地备耕

整地备耕是油菜种植至关重要的一步，直接影响后续作物的生长发育和产量。上茬作物收获后，种植户可使用具有翻转埋茬功能的旋耕机对土地进行翻耕，深度以 25~30cm 为宜，将地表的杂草和残茬翻入土中，减少杂草的滋生。之后让土壤充分暴晒 3~5d，以杀死虫卵及病菌。在翻耕土地的过程中，要注重施用基肥。基肥以肥效持久的有机肥为主、化肥为辅，如每亩可施用腐熟农家肥 3 000kg、过磷酸钙 20kg、尿素 15kg、氯化钾 10kg 作为基肥，深翻入土，能够为油菜整个生长周期提供充足的养分。在翻耕后，使用耙地机使土壤表面平整，有利于后续播种时种子的均匀分布和生长发育。

第二节 种子处理

为了提高油菜种子的发芽率和抗病性，播种前需要进行适当处理，包括晒种、筛种、浸种、拌种等措施。

一、晒种

在播种前，选择晴朗的天气将种子晾晒 2~3d，每隔 2~3h 翻动 1 次，以促进种子的后熟和打破休眠期，提高种子的活力。

二、筛种

将晾晒后的种子放入适量的 1% 盐水中搅拌，撇去漂浮的杂质、空粒、菌核后洗净备用。

三、浸种

将准备好的种子放入 45~50℃ 温水中浸泡 10~15min，然后再用 20~30℃ 温水浸泡 1~2h，捞出阴干水分后即可播种。

四、拌种

播种前，将种子与适量的药剂混合，如磷酸二氢钾、硼肥、多菌灵等，以达到杀菌、杀虫、促进生长的作用。

第三节　科学播种

冬种油菜的播种时间为每年 9—11 月，播种方式主要为机械条播。选择可一次完成开沟、播种、施肥等多种工序的分层施肥条播机、沟播机播种，播种前畦面要保持一定的湿度，且每畦行间距 40cm 左右。若采用大幅面条播，播种沟宽设置为 20~25cm；若采用单行条播，播种沟宽设置为 10~15cm。播种深度控制在 1~2cm，每亩地块按 1kg 火土灰+0.5kg 种子拌匀后播下，确保每亩基本苗为 2.0 万~2.5 万株。

第四节　田间管理技术

一、冬前田间管理

(一) 油菜苗期生长发育特点

从出苗（子叶出土平展）到现蕾，这一阶段称为苗期。

苗期一般较长，120～150d。苗期又可分为苗前期（幼苗期）和苗后期（孕蕾期）。花芽分化开始以前为苗前期，花芽开始分化至现蕾为苗后期。苗期主要以营养器官生长为主，花芽分化后开始进行生殖器官的生长。在苗期，要求植株多长叶、多发根，根颈粗壮，多分化花芽和分枝，达到秋发要求，或为春发打好基础。该阶段主要以根、茎、叶生长为主。苗期田间管理的主攻目标是苗齐、苗匀、苗壮。

（二）高产田冬壮苗的标准

菜苗根颈粗，白根多，叶色绿里透红，紫边绿心；土质好、密度稀的苗大些，有绿叶 8 片左右，开盘 20cm 左右；土质较差、密度高的苗小些，有绿叶 6 片左右，开盘 15～18cm；菜苗根系扎得深，养分储藏多，细胞汁液浓度大，抗寒能力强。

在施足基（底）肥的基础上，大田追肥应掌握因地制宜、看苗追施、早施苗肥的原则。

（三）早施苗肥，以肥促壮苗

油菜苗期长，吸肥量大，必须早施苗肥。"秋发冬壮"栽培一般要求苗肥基施，即在施足基肥的前提下，严格控制苗肥的施用。对基肥不足的田块，可在油菜移栽成活后或直播定苗后，及时追施速效氮肥，一般每公顷施用尿素 75～150kg 或腐熟人畜粪尿 15 000kg 左右。化肥的施用，可采取雨前撒施、开沟条施或结合抗旱施后浇水的方法，粪肥挖穴浇。

腊肥是油菜在越冬前或越冬期间施用的肥料。对基肥不足的田块，应适当施用腊肥，结合培土壅根，每公顷施用土杂肥 45 000kg 左右，同时用碳酸氢铵 225～300kg 打洞深施。

（四）抓好水分管理，以水促全苗壮苗

移栽或定苗后，要及时浇定根水，保持土壤湿润，以利成活。苗期干旱，可引水沟灌，或结合追肥进行灌溉，以促进发根长叶，形成壮苗越冬。冬季干旱或冻害严重的地区，要适时冬灌，使土温较稳定，防止冻害死苗。蕾薹期需水量较大，春旱严重地区，尤应加强灌溉。开花期干旱严重，可酌情进行灌溉。在降雨多的地区或季节，以及排水困难的稻茬油菜，应做好开沟排水工作，防止湿害。

二、冬后管理

（一）油菜冬后各生育时期生长发育特点

油菜在冬后主要经过蕾薹期、开花期和角果发育成熟期，在不同生育时期，生长发育特点不同，生产管理要求也不同。

1. 蕾薹期

生育特点是营养生长与生殖生长同时进行。营养生长表现在主茎伸长增粗，分枝陆续抽出；叶片数增多，叶面积增大；根系继续发育，向纵深水平方向发展。生殖生长则由弱转强，花蕾发育长大，准备开花。因此，蕾薹期是搭好高产架子的关键时期，要求达到薹壮枝多，春发稳长。

2. 开花期

油菜营养生长转弱，根、茎、叶的生长到盛花期已基本停止；生殖生长逐渐占优势，表现为花序伸长，不断开花、授粉、受精、形成角果。油菜花期是决定角果数和粒数的重要时期。

3. 角果发育成熟期

果实、种子的体积不断增大、充实。叶、茎秆、果皮的养分不断运往种子，油分逐步积累直至成熟。这一时期是决定粒重和油分含量的主要时期，要求活熟不早衰，也不贪青迟熟。

油菜越冬期的主攻目标是增加有效花芽分化数量，为此后多结果荚打基础。油菜春后，生长发育快。开春以后，随着气温上升，油菜先后抽薹开花，营养生长和生殖生长日趋旺盛，既要迅速长叶发棵，又要大量抽生分枝，不断形成大量花蕾。

油菜越冬期的长势长相，要求叶色浓绿，叶片厚实，根系发达，根颈粗壮，叶片开展而不下垂，蕾孕而不露。

油菜春后的长势长相是：薹抽出时的平头高度适中，薹粗壮有力，薹粗 1.5~2.0cm，上下粗细均匀，始花前略带紫色，主茎绿叶数多（15 片以上），盛花期叶面积指数在 5 左右。

根据油菜冬后生长势，确定肥水管理方案。

（二）稳施薹肥

油菜抽薹前或抽薹初期施用的肥料，叫作薹肥。对促进春发稳长，争取薹壮、枝多、角果多具有重要作用。若春发过度，油菜旺长，中下部无效分枝滋生过多，则株间荫蔽，病害加重，就会减产。所以，施用薹肥要做到"稳"，要根据基肥、苗肥的施用情况和苗情而定。若基肥、苗肥充足，植株生长健壮有力，可不施薹肥；若出现脱肥、后劲不足的田块，就要施用薹肥，而且要早施。对正常实现秋发冬壮的菜苗，要在薹高 10~15cm、油菜明显脱力落黄时施用；若过早落黄的田块，薹肥可分两次施用，即先施一次接力肥，再补一次薹肥。一般每公顷施尿素 150~300kg 加氯化钾 75~120kg。可开沟条施、雨前或结合抗旱撒施，但要避免雨后或清晨叶片有水时撒施，以免造成肥害伤苗。

（三）巧施花粒肥

油菜始花后 60d 左右才能成熟，此间仍需要大量营养，追施花肥是油菜后期增产的重要措施。一般达到秋发冬壮、春季稳长的油菜，可在初花期、叶色略有变淡的基础上追施，每公顷可施尿素 75~120kg。对春发较好、土壤后劲足、初花期叶色较深或群体发展过大的油菜，应严格控制施用花肥。

（四）根外喷肥

终花期前后可进行根外喷肥，结合防治菌核病、霜霉病等病害，加入增产素或丰产灵等叶面肥，实施肥药混喷，达到增粒增重的目的。方法是用1%的过磷酸钙浸出液加0.5kg硫酸铵叶面喷洒2~3次，6~7d喷1次。若土壤中速效态硼不足，引起"花而不实"，可用0.1%~0.2%的硼砂水，每亩用量0.15kg，于初花期叶面喷2次。

（五）抗旱防渍，预防倒伏

冬油菜区中后期雨水偏多，要及时清沟排水降湿，控制地下水位，保持三沟畅通，预防渍害、病害发生。油菜中后期田间相对含水量一般达到60%~70%即可。终花后到角果基本定型这段时间，油菜易发生倒伏折断，尤其是株旺长、密度过大、移栽过浅、培土不够、排水不畅、受菌核病为害的田块，或遇到大雨、大风天气时，最易发生倒伏。倒伏造成油菜茎秆折断，营养物质不能正常输送，下层角果光合作用减弱，田间通风透光差，易感病霉烂，严重影响油菜的产量及品质。在油菜生长中后期要保持三沟畅通，及时培土壅根。对长势旺盛的田块要提前做好用竹竿支撑的准备。

第五节　病虫害统防统治

一、油菜白锈病

（一）症状

油菜从苗期到成株期都可发生，为害叶片、茎、花、荚。叶片发病，先在叶面出现淡绿色小点，后变黄绿色，在同处背面长出白色隆起的疱斑，一般直径为1~2mm，有时叶面也长疱斑，发生严重时密布全叶，后期疱斑破裂，散出白粉。茎和花梗受害，显著肿大，也长白色疱斑，种荚受害肿大畸形，不能结实。

（二）防治

药剂防治一般在苗期和抽薹期各喷 1~2 次药，在多雨年份，需适当增加喷药次数，常用药剂有 5% 二硝散可湿性粉剂 200 倍液、65% 代森锌可湿性粉剂 500 倍液、50% 退菌特可湿性粉剂 800 倍液、50% 福美双可湿性粉剂 800 倍液。

二、油菜霜霉病

（一）症状

油菜霜霉病是我国各油菜区重要病害，长江流域、东南沿海受害重。春油菜区发病少且轻。油菜幼苗受害，子叶和真叶背面出现淡黄色病斑，严重时幼苗叶变黄枯死。该病主要为害叶、茎和角果，致受害处变黄，长有白色霉状物。花梗染病顶部肿大弯曲，花瓣肥厚变绿，不结实，上生白色霜霉状物。叶片染病初现浅绿色小斑点，后扩展为多角形的黄色斑块，叶背面长出白霉。

（二）防治

（1）农业措施。与禾本科作物轮作 1~2 年，或水旱轮作；选用抗病品种；增施磷、钾肥，清沟排水，适时晚播，花期摘除中下部黄病叶，减少病源，有利通风透光。

（2）药剂防治。初花期病株率在 10% 以上时，用 72% 杜邦克露可湿性粉剂 800 倍液，或 1∶1∶200 波尔多液，或 50% 硫菌灵可湿性粉剂 1 000~1 500 倍液，或 25% 瑞毒霉可湿性粉剂 300~600 倍液，50% 退菌特可湿性粉剂 1 000 倍液喷雾防治。

三、油菜菌核病

（一）症状

油菜各生育期及地上部各器官组织均能感病，但以开花结果期发病最多，茎部受害最重。苗期病斑多发生在地面根茎相接处，形成红褐色病斑，后变枯白色，组织湿腐，上生白色菌丝，后形成不规则形黑色菌核，幼苗死亡。成株期先在下部叶片发病，病斑圆形或不规则形，暗青色水渍状，中部黄褐色或灰褐色，有同心轮纹。茎上病斑长椭圆形、梭形、长条形，稍凹陷，浅褐色水渍状，后变白色。湿度大时病部软腐，表面也生白霉层，后生黑色菌核。后期茎表皮破裂，髓部中空，内生许多黑色鼠粪状菌核。花受害后，花瓣褪色。角果感病产生不规则形白色病斑，内外部都能形成菌核，但较茎内菌核小。

(二) 防治

（1）农业措施。选用抗病品种；水旱轮作或与大、小麦轮作；清除病残体，秋季深耕，春季中耕培土，摘除下部老黄叶，并带出田间；多施钾肥或草木灰，开沟排水。

（2）药剂防治。花期用40%菌核净可湿性粉剂1 000～1 500倍液，或50%速克灵可湿性粉剂2 000倍液，或50%多菌灵可湿性粉剂500倍液，或70%甲基硫菌灵可湿性粉剂500～1 500倍液等药剂喷雾防治1～2次。

四、油菜黑斑病

(一) 症状

除为害油菜外，还为害甘蓝、白菜、萝卜等十字花科蔬菜。油菜生长后期发生较多。叶上病斑黑褐色，有明显同心轮纹，外围有黄白色晕圈，潮湿时病斑上产生黑色霉层，即病原菌分生孢子梗和分生孢子。叶柄、茎和角果上病斑椭圆形或长条形，黑褐色。病果中种子不发育，角内可生菌丝体。

(二) 防治

（1）种子处理。选用无病种子，并用种子重量0.4%的

50%福美双可湿性粉剂拌种，或用50℃温汤浸种20~30min，或用40%福尔马林100倍液浸种25min。

（2）喷雾防治。发病初期用65%代森锌可湿性粉剂500~600倍液，或50%多菌灵可湿性粉剂500倍液，或75%百菌清可湿性粉剂600倍液喷雾防治。

五、油菜猝倒病

（一）症状

油菜出苗后，在茎基部近地面处产生水渍状斑，后缢缩折倒，湿度大时病部或土表生有白色棉絮状物，即病菌菌丝、孢囊梗和孢子囊。

（二）防治

（1）选用耐低温、抗寒性强的品种，如蓉油3号等。

（2）可用种子质量0.2%的40%拌种双粉剂拌种或土壤处理。必要时可喷洒25%瑞毒霉可湿性粉剂800倍液或3.2%恶甲水剂300倍液、95%噁霉灵精品4 000倍液、72%普力克水剂400倍液，每平方米喷兑好的药液2~3L。

（3）合理密植，及时排水、排渍，降低田间湿度，防止湿气滞留。

六、油菜根肿病

（一）症状

主要为害根部，病株主根或侧根肿大、畸形、后期颜色变褐，表面粗糙，腐朽发臭，根毛很少，植株萎蔫，黄叶，严重时全株死亡。

（二）防治

（1）选无病田育苗，拔除病株后病穴撒石灰消毒，或用75%五氯硝基苯700倍液灌根，每次0.3~0.5kg。

（2）每公顷撒施消石灰 1 125kg 左右。

（3）清沟排水，降低土壤湿度。

（4）选用抗病品种。

（5）选用白菌清、敌菌丹、苯菌灵、代森锌、胶体硫等药剂防治。

七、油菜黑胫病

（一）症状

油菜各生育期均可感病。病部主要是灰色枯斑，斑内散生许多黑色小点。子叶、幼茎上病斑形状不规则，稍凹陷，直径 2~3mm。幼茎病斑向下蔓延至茎基及根系，引起须根腐朽，根颈易折断。成株期叶上病斑圆形或不规则形，稍凹陷，中部灰白色。茎、根上病斑初呈灰白色长椭圆形，逐渐枯朽，上生黑色小点，植株易折断死亡。角果上病斑多从角尖开始，与茎上病斑相似。

（二）防治

（1）床土消毒做新床育苗。沿用旧床要土壤消毒，可每公顷用敌克松原粉 50kg，或甲基硫菌灵可湿性粉剂 5g，或 50%福美双可湿性粉剂 10g，与 10~15kg 干细土拌成药土，播种时垫底和盖土。

（2）种子消毒采用无病种子。必要时要种子消毒，可用 50℃温水浸种 20min，或用种子质量 0.4% 的 50%福美双可湿性粉剂，或种子质量 0.2% 的 50%硫菌灵可湿性粉剂拌种。

（3）农业措施。重病地与非十字花科蔬菜及芹菜进行 3 年以上轮作。高畦覆地膜栽培，施用腐熟粪肥，精细定植，尽量减少伤根。避免大水漫灌，注意雨后排水。保护地加强放风排湿。定植时严格剔除病苗，及时发现并拔除病苗，收获后彻底清除病残体，并深翻土壤。

（4）药剂防治。发病初期，可用 75% 百菌清可湿性粉剂600 倍液，或 60% 多福可湿性粉剂 600 倍液，或 40% 多硫悬浮剂 500 倍液，或 50% 代森铵水剂 1 000 倍液，或 70% 甲基硫菌灵可湿性粉剂 800 倍液，或 80% 新万生可湿性粉剂 500 倍液等药剂喷雾防治。

八、油菜软腐病

（一）症状

油菜软腐病又名根腐病，以冬油菜区发病较重，油菜感病后茎基部产生不规则水渍状病斑，以后茎内部腐烂成空洞，溢出恶臭黏液，病株易倒伏，叶片萎蔫，籽粒不饱满，重病株多在抽薹后或苗期死亡。

（二）防治

（1）与禾本科作物实行 2~3 年轮作。

（2）适当晚播。

（3）防治传病昆虫。

（4）发病初期用敌克松 500~800 倍液喷雾。

九、油菜黑腐病

（一）症状

本病发病率为 3.5%~72%，对产量影响很大。除为害油菜外，还为害白菜、甘蓝、萝卜等十字花科蔬菜。叶片发病后，病斑黄色，自叶缘向内发展，呈"Y"形，角尖向内，病斑常扩展致叶片干枯。茎、枝和花序与病斑水渍状、暗绿色变黑褐色，在病斑上出现金黄色菌脓。

（二）防治

（1）种子处理。选用无病田或无病株留种，并用 0.5% 代森铵液浸种 15min，或 0.1% 升汞水浸种 20~30min，然后用清水冲洗，晾干后播种。

（2）农业措施。与禾谷类作物轮作；清沟排水，降低田间湿度。

十、油菜病毒病

（一）症状

病毒病是油菜栽培中发生普遍且为害严重的一种病害，一般发病率为 10%～30%，严重的高达 70% 以上，致使油菜减产，品质降低，含油量降低。不同类型油菜表现不同的症状。甘蓝型油菜叶片症状以枯斑型为主，也有黄斑型和花叶型。枯斑和黄斑多呈现在老龄叶片上，并逐渐向新叶扩展。前者为油渍透明小点，继而扩展成 1～3mm 枯斑，中心有一黑色枯点。后者为 2～5mm 淡黄色或橙黄色、圆形或不规则形的斑块，与健全组织分界明显。

（二）防治

（1）选用抗病品种。一般甘蓝型油菜比芥菜型、白菜型抗病性强，而且产量高。因此，要尽可能推广种植甘蓝型油菜，并选用适应当地生产的抗性较强的品种。

（2）适时播种。要根据当地的气候、油菜品种的特性和蚜虫的发生情况来确定播种期，既要避开蚜虫的迁飞盛期，又要防止迟播减产。甘蓝型油菜一般在 9 月中下旬播种为宜。

（3）加强苗期管理。油菜苗期（包括苗床）要勤施肥，不要偏施氮肥；并及时间苗，除去病苗；遇旱及时灌水，促使油菜苗生长健壮，增强抗病能力。

（4）治蚜防病。彻底治蚜是防治油菜病毒病的关键。播种前应对苗床周围的十字花科蔬菜及杂草上的蚜虫进行防治，以减少病毒来源；苗床或直播油菜分苗后，如遇天气干旱就要开始喷药治蚜，以后每隔 7d 左右喷药 1 次，连喷 2~3 次，一般每公顷用 10%大功臣可湿性粉剂 150~225g 兑水 600kg 喷雾防治。

十一、菜蛾

（一）症状

分布在全国各地。幼虫长约 10mm，黄绿色，有足多对，具体毛，前背部有排列成两个"U"形的褐色小点。成虫为灰褐色小蛾，具翅 2 对、触须 1 对，触须细长，呈外八字着生，翅展 12~15mm，体色灰黑，头和前背部灰白色，前翅前半部灰褐色，具黑色波状纹，翅的后面部分灰白色，当静止时翅在身上叠成屋脊状，灰白色部分合成 3 个连续的菱形斑纹。卵扁平，椭圆状，约 0.5mm×0.3mm，黄绿色。

（二）防治

（1）清洁田园。油菜收割后，或在早春虫子活动前，彻底清除菜地残株、枯叶，可以消除大量虫口。

（2）诱杀成虫。用黑光灯诱杀成虫或用性诱剂诱杀成虫。可在傍晚于田间安置盛水的盆或碗，在距水面约 11cm 处置一装有刚羽化雌蛾的笼子，进行诱杀成虫。或利用性引诱剂诱杀成虫，每亩用诱芯 7 个，把塑料膜（33cm×33cm）4 个角捆在支架上盛水，诱芯用铁丝固定在支架上弯向水面，距水面 1~2cm，塑料膜距油菜 10~20cm，诱芯每 30d 换 1 个。

（3）药剂防治。在卵盛孵期或 2 龄幼虫期用 90%敌百虫晶体 1 000 倍液，8010、8401、青虫菌 6 号或杀螟杆菌（每克含孢子 100 亿以上）500~800 倍液，或 5%卡死克乳油进行常规喷雾。或用 2.5%敌杀死乳油每公顷用 300~450mL，兑水后进行低容量喷雾。

（4）生物防治。利用寄生蜂、菜蛾盘绒茧蜂等天敌控制菜蛾的发生。

十二、油菜潜叶蝇

（一）症状

油菜潜叶蝇也叫豌豆潜叶蝇，寄主范围广，食性很杂。幼虫在叶片上、下表皮间潜食叶肉，形成黄白色或白色弯曲虫道，严重时虫道连通，叶肉大部被食光，叶片枯黄早落。成虫头部黄褐色，触角黑色，共3节。复眼红褐色至黑褐色。胸腹部灰黑色，胸部隆起，背部有4对粗大背鬃，小盾片三角形。足黑色，翅半透明有紫色反光。幼虫蛆状，乳白色至黄白色。头小，口钩黑色。

（二）防治

（1）人工防治。早春及时清除杂草，摘除底层老黄叶，减少虫源。

（2）毒糖液诱杀成虫。用甘薯、胡萝卜煮汁（或30%糖液），加0.05%敌百虫，每公顷油菜地喷600~1 200株，隔3~5d喷1次，共喷4~5次。

（3）药剂防治。在幼虫刚出现为害时，用50%敌敌畏乳油800倍液，或90%敌百虫晶体1 000倍液等药剂进行喷雾防治。

十三、菜粉蝶

（一）症状

菜粉蝶俗称菜青虫，全国各地均有分布。幼虫为害油菜等十字花科植物叶片，造成缺刻和空洞，严重时吃光全叶，仅剩叶脉。成虫体长12~20mm，翅展45~55mm，体灰褐色。前翅白色，近基部灰黑色，顶角有近三角形黑斑，中室外侧下方有2个黑圆斑。后翅白色，前缘有2个黑斑。卵如瓶状，初产时淡黄色。幼虫5龄，体青绿色，腹面淡绿色，体表密布褐色瘤状小突起，其上生细毛，背中线黄色，沿气门线有1列黄斑。蛹纺锤形，绿黄色或棕褐色，体背有3个角状突起，头部前端中央有1个短而直的管状突起。

（二）防治

（1）农业措施。清除田间残枝落叶，及时深翻耙地，减少虫源。

（2）生物防治。用 Bt 乳剂或青虫菌6号液剂（每克含芽孢100亿个）500g 加水 50kg，于幼虫3龄以前均匀喷雾。

（3）化学防治。未进行生物防治的田块，可用 20%灭扫利乳油 2 500 倍液，或 5%来福灵乳油 3 000 倍液，或 2.5%灭幼脲胶悬剂 1 000 倍液，均匀喷雾。

十四、菜蝽

（一）症状

菜蝽在全国大部分地区都有发生。主要为害油菜、白菜等十字花科作物。若虫和成虫在叶背取食为害，被害叶片产生淡绿至白色斑点，严重时萎蔫枯死。成虫体长 6~9mm，椭圆形，橙黄色或橙红色。前胸背板有6块黑斑，小盾板具橙黄色或橙红色"Y"形纹，交会处缢缩。

（二）防治

（1）农业措施。冬耕并清洁田园，可消灭部分越冬成虫。

（2）药剂防治。在若虫3龄前，每公顷 80%敌敌畏 750mL，或 25%氧乐氰 600mL，加水 750kg 均匀喷雾。

十五、猿叶甲

（一）症状

猿叶甲别名黑壳甲、乌壳虫，为害油菜的主要是大猿叶虫。以成虫和幼虫食害叶片，并且有群聚为害习性，致使叶片千疮百孔。每年4—5月和9—10月为两次为害高峰期，油菜以10月左右受害重。

（二）防治

秋冬季铲除菜地附近杂草，清除枯枝败叶，以破坏部分早春食料和成虫越冬场所；也可在田间或田边堆积杂草，诱集越冬成虫，收集烧毁。利用其假死性，于清晨人工振落，并集中杀死。药剂用9%灭氰乳油800～1 000倍液、10%功夫·丙溴磷乳油1 000～1 500倍液或1.8%阿维·高氯乳油1 000倍液。

十六、黄曲条跳甲

（一）症状

成虫和幼虫都能为害油菜。成虫啮食叶片，造成细密小孔，严重时可将叶片吃光，使叶片枯萎、菜苗成片枯死，并可取食嫩荚，影响结实。幼虫专食地下部分，蛀害根皮，使根表皮形成许多弯曲虫道，从而造成菜苗生长发育不良，地上部分由外向内逐渐变黄，最后萎蔫而死。

（二）防治

（1）实行轮作，培育壮苗，减少与其他十字花科作物的连作，推广平衡施肥，实行健身栽培，培育壮苗，提高油菜苗的抗虫能力。

（2）创造不利于害虫发生的环境。在蚜虫秋季迁飞前清除杂草、残株落叶，降低虫口基数。干旱年份应避免过早播种。播种前灌水，消灭黄曲条跳甲成虫。苗期干旱时及时抗旱，保持土壤含水量在30%～35%，并适时施肥，促进菜苗生长健壮，适当提高小气候湿度，使之不利于蚜虫和黄曲条跳甲的发生与为害。油菜生长期，结合间苗、中耕和施肥，清除田间杂草、残株和落叶，集中沤肥或烧毁，可消灭部分害虫的幼虫或蛹。

第六节　机收减损及贮藏

一、机收减损

（一）检查作业田块

检查去除田里木桩、石块等硬杂物，了解田块的泥脚情况，对可能造成陷车或倾翻、跌落的地方做出标识，以保证安全作业。对地块中的沟渠、田埂、通道等予以平整，并将地里水井、电杆拉线、树桩等不明显障碍进行标记。

（二）选择合适的收获方式和机具

油菜收获方式分为联合收获和分段收获两种方式。根据油菜种植方式、气候条件、种植规模、田块大小等因素因地制宜选择适宜的收获方式和机具。

（三）正确开出割道

作业前必须将要收割的地块四角进行人工收割，按照机车的前进方向割出一个机位。然后，从易于机车下田的一角开始，沿着田的右侧割出一个割幅，割到头后倒退 5～8m，然后斜着割出第二个割幅，割到头后再倒退 5～8m，斜着割出第三个割幅；用同样的方法开出横向方向的割道。规划较整齐的田块，可以把几块田连接起来开好割道，割出三行宽的割道后再分区收割，提高收割效率。

二、贮藏

收割后的油菜应及时堆垛后熟，然后再翻晒脱粒。堆放后熟过程中，要注意检查堆内温湿度，防止高温高湿导致菜籽霉变。一般堆放 4~6d，即可抓住晴天晾晒脱粒。脱粒后的菜籽，含水量高，不宜马上扬净，更不宜马上装袋堆放，否则易发热霉变。待晒干（含水量低于 9%）后再装袋或入库贮藏。

第八章　大　豆

第一节　地块选择、种子处理、合理密植

一、地块选择

大豆在连续种植 3 年以上时，应采取秋季耕翻，使土壤熟化加速，有利于养分的充分利用。创造一定深度的疏松耕层，翻埋农肥、残茬、病虫、杂草等，为提高播种质量和出苗创造条件。土壤耕深 25～35cm，不宜超过肥土层，加深耕作层，增强排涝抗旱力。

二、种子处理

为防治蛴螬、地老虎、根蛆、根腐病等苗期病虫害，常用种子量 0.1%～0.15% 辛硫磷，或 0.7% 灵丹粉，或 0.3%～0.4% 多菌灵加福美双（1∶1），或 0.3%～0.5% 多菌灵加克菌丹（1∶1）拌种。

三、合理密植

在肥沃土地种植应选分枝性强的品种，亩保苗 1 万～1.5 万株。在瘠薄土地种植应选分枝性弱的品种，亩保苗 1.5 万～2 万株。

第二节　施　肥

营养元素是大豆生长发育和产量形成的物质基础。合理施肥是实现高产高效的主要措施之一。要做到合理施肥，必须了解大豆的营养特点、各种肥料元素的性质和作用，掌握科学的施用技术。

一、大豆的营养特点

据测算，大豆对各种营养元素的需要量如下。

每千克大豆需氮素 10kg，五氧化二磷 2kg，氧化钾 4kg。大豆需肥量比禾谷类作物多，尤其是需氮量较多，大约是玉米的 2 倍，是水稻、小麦的 1.5~2 倍。

此外，大豆还要吸收少量钙、镁、铁、硫、锰、锌、铜、硼、钼等常量元素和微量元素。大豆对这些元素吸收量虽然不多，但它们不可缺少，不能被替代。

大豆植株对营养的吸收和积累也不同于禾谷类作物。禾谷类作物到开花期，对氮、磷的吸收已近结束；而大豆到开花期吸收氮、磷、钾的量只占总量的 1/4~1/3。禾谷类作物在营养生长期间植株体内氮的浓度最高，进入生殖生长期则急剧降低。大豆进入现蕾开花后的生殖生长期，叶片和茎秆中氮素浓度不但不下降反而上升。大豆开花结荚期养分的积累速度最快，干物质积累量占全量的 2/3~3/4。

二、施肥技术

（一）基肥

大豆的基肥以猪厩肥质量最好；其次为马厩肥、灰土粪、草炭高温造肥、草炭过圈粪等；土杂肥的质量最差。施用量根据粪肥质量、土壤肥瘠程度及前茬残肥多少而定。地力差的、前茬残肥少的，可多施质量高的农家肥。一般质量高的猪粪、马粪和堆肥等，每亩施 1～1.5t；土杂肥等质量差的，每亩施 2～3t。

磷肥可随农家肥作基肥一起施用。基肥堆积发酵前加入适量的磷肥，农家肥在分解过程中产生的二氧化碳和有机酸可溶解磷肥，成为可吸收状态；同时有机质可包被磷肥，减少土壤对磷肥的固定。

基肥的施用方法因整地技术及播种方式不同而异。秋翻地，可在前茬作物秋收后，将基肥均匀撒于地面，通过翻地耙地把肥料翻入 18～20cm 土层内。对于秋翻未施肥的地块，可在春季均匀撒施。

（二）种肥

大豆种肥，一般亩施磷酸二铵 5～10kg。

施用时应避免种子与肥料接触，采取种下深施、双侧深施、单侧深施。种下深施 10～15cm，侧深施距种子 6～8cm，以防化肥烧苗和减少化肥的流失与挥发，充分利用肥效。尿素易烧苗，不宜种下深施，应侧深施。

（三）追肥

初花期或鼓粒期，依据大豆生长情况，进行根外追肥，也可进行叶面喷施，亩用尿素 0.75～1kg、钼酸铵 10～30g、磷酸二氢钾 100～300g，兑水 30～50L 喷雾。

第三节　田间管理

一、杂草控制

一是播种后出苗前用都尔、乙草胺等化学除草剂封闭土表。二是出苗后用高效盖草能（禾本科杂草）、虎威（阔叶杂草）等除草剂进行茎叶处理。

二、病虫害防治

做好蛴螬、豆秆黑潜蝇、蚜虫、食心虫、豆荚螟、造桥虫等虫害及大豆根腐病、孢囊线虫病、霜霉病等病害的防治工作。

三、化学调控

高肥地块可在初花期喷施多效唑等植物生长调节剂，防止大豆倒伏。低肥力地块可在盛花、鼓粒期叶面喷施少量尿素、磷酸二氢钾和硼、锌等微肥，防止后期脱肥早衰。

四、及时排灌

大豆花荚期和鼓粒期遇严重干旱及时浇水，雨季遇涝要及时排水。

第四节　病虫害统防统治

一、大豆病毒病

（一）症状

大豆病毒病是由病毒侵染引起的植株系统性病害。大豆病毒病的症状比较多样，因病毒种类（特别是复合侵染的病毒种类）、大豆品种、侵染时期及环境条件而变。常见的是花叶、皱缩、沿叶脉疱状斑、叶边下卷、顶枯、植株矮小、局部或系统坏死。病种子常表现为从脐部放射状色斑或云纹斑。

（二）防治

（1）农业防治。播种无毒或低毒种子是控制大豆花叶病的关键措施。因此建立无病留种田，要选用无褐斑、饱满的豆粒做种子；加强肥水管理，培育健壮植株；清除田边杂草。

（2）治蚜防病。从苗期开始就要进行蚜虫的防治，防止和减少病毒的侵染。有条件的地方可铺银灰膜驱蚜，效果达80%。也可在有翅蚜迁飞前进行防治，喷洒 2.5%溴氰菊酯乳油 2 000~4 000 倍液，或 50%抗蚜威可湿性粉剂 2 000 倍液，或 10%吡虫啉可湿性粉剂 2 500 倍液。

（3）药剂防治。可结合苗期蚜虫的防治施药。药剂可选用 0.5%氨基寡糖素水剂 500 倍液，或 5%菌毒清 400 倍液，或8%宁南霉素水剂 800~1 000 倍，或 0.5%几丁聚糖水剂、0.5%菇类蛋白多糖水剂、6%烯·羟·硫酸铜可湿性粉剂 200~400倍液喷雾，连续使用 2~3 次，隔 7~10d 1 次。

二、豆天蛾

（一）症状

豆天蛾是大豆田的常发害虫，以幼虫大量取食叶片，造成网孔和缺刻，局部暴发成灾时，甚至将豆株吃成光秆，使之不能结荚。

（二）防治

（1）农业防治。选种成熟晚、秆硬、皮厚、抗涝性强的抗虫品种。及时秋耕、冬灌，可降低越冬基数。水旱轮作，尽量避免豆科植物连作。

（2）物理防治。利用成虫较强的趋光性，设置黑光灯、杀虫灯诱杀成虫，可减少豆田的落卵量。

（3）生物防治。用杀螟杆菌或青虫菌（每克含孢子量80亿~100 亿个）稀释 500~700 倍液，每亩用菌液 50kg。天敌有赤眼蜂、寄生蝇、草蛉、瓢虫等，对其有一定控制作用。

（4）药剂防治。幼虫 3 龄前喷药防治。可选用 90%晶体敌百虫 800~1 000 倍液，或 45% 马拉硫磷乳油 1 000~1 500 倍液，或 5% 丁烯氟虫腈悬浮剂 3 000 倍液，或 20% 杀灭菊酯乳油 2 000 倍液，或亩用 16 000 国际单位/mg 苏云金杆菌 300~500g 兑水喷雾。

三、大豆孢囊线虫病

（一）症状

大豆孢囊线虫病又称黄矮病，俗称"火龙秧子"，是大豆生长期的线虫病害。可致大面积毁种或 5~6 年内不能种植大豆。

（二）防治

（1）加强检疫，控制扩散。

（2）选育和利用抗病品种。

（3）与禾谷类等非寄主作物实行 3 年以上轮作。

（4）农业防治。增施基肥和种肥，苗期叶面喷施硼钼微肥或大豆黄萎叶喷剂，可增强植株抗病性。适时灌水，增加土壤湿度，可减轻为害。

（5）药剂防治。亩用 3% 克线磷颗粒剂或 3% 氯唑磷颗粒剂 3~5kg 拌土后穴施，或在播种前用种子量 2%~2.5% 的 25% 多·福·克悬浮种衣剂进行种子包衣。虫量较大地块用 3% 克百威颗粒剂 2~4kg，或 10% 噻唑膦颗粒剂 1~2kg，与细沙混后覆土。

四、大豆食心虫

（一）症状

大豆食心虫俗称大豆蛀荚虫，以幼虫蛀食豆荚，一般从豆荚合缝处蛀入，被害豆粒咬成沟道或残破状，降低产量和品质。

（二）防治

（1）农业防治。选用抗虫或耐虫品种。进行秋翻秋耙，破坏食心虫越冬场所，可减轻为害。合理轮作，尽量避免重茬。

（2）生物防治。在成虫产卵期释放赤眼蜂。在老熟幼虫入土前，用白僵菌防治脱荚幼虫。

（3）药剂防治。8月上中旬成虫初盛期每亩用80%敌敌畏乳油100~150mL，用高粱秆或玉米秆切成20cm长，吸足药液制成药棒40~50根，熏蒸，防治成虫（敌敌畏对高粱有药害，与高粱间作或附近有高粱的豆地不能使用）。

在卵孵化盛期，用25%灭幼脲悬浮剂1 500倍液，或2%阿维菌素乳油3 000倍液，或2.5%高效氯氟氰菊酯乳油1 500倍液，或90%晶体敌百虫1 500倍液，或48%毒死蜱乳油1 500倍液喷雾防治。施药时间以上午为宜，重点喷洒植株上部。

五、棉铃虫

（一）症状

棉铃虫以幼虫为害大豆的叶片和豆荚，可将叶肉食成缺刻和孔洞，严重的食光叶片。幼虫蛀食豆粒，造成大量豆荚空粒或腐烂，严重影响大豆产量和商品价值。

（二）防治

强化农业防治措施，压低越冬基数，控制第一代发生量。保护利用天敌，科学合理用药，控制第二、第三代密度。

（1）农业防治。选用抗虫耐虫品种；秋耕冬灌，压低越冬虫口基数。

（2）物理防治。成虫发生期，集中连片应用频振式杀虫灯、黑光灯、糖醋液诱杀成虫。第二、第三代棉铃虫成虫羽化盛期，可插萎蔫的杨树枝把诱集成虫。每亩 10~15 把。每天清晨日出之前集中捕杀成虫。也可在大豆田边种植春玉米、高粱、洋葱、胡萝卜等作物形成诱集带，诱集棉铃虫产卵，集中诱杀。

（3）生物防治。棉铃虫寄生性天敌主要有姬蜂、茧蜂、赤眼蜂、真菌、病毒等，捕食性天敌主要有瓢虫、草蛉、捕食蝽、胡蜂、蜘蛛等，对棉铃虫有显著的控制作用。

人工释放赤眼蜂，一般第二代棉铃虫产卵初盛期，每隔 5~7d 释放 1 次，连续 2~3 次，每次每亩放蜂 1.2 万~1.4 万头；或在卵始盛期、初龄幼虫期，每亩用 16 000 国际单位/mg 苏云金杆菌可湿性粉剂 100~150g，或 10 亿 PIB/g 棉铃虫核型多角体病毒可湿性粉剂 80~100g，兑水 40kg 喷雾。

（4）药剂防治。在幼虫 3 龄前，可选用 50% 辛硫磷乳油或 40% 毒死蜱乳油 1 000~1 500 倍液，4.5% 高效氯氰菊酯乳油或 2.5% 溴氰菊酯乳油 2 500~3 000 倍液均匀喷雾。

第五节　机收减损及贮藏

一、机收减损

（一）检查作业田块

检查去除田里木桩、石块等硬杂物，了解田块的泥脚情况，对可能造成陷车或倾翻、跌落的地方做出标识，以保证安全作业。对地块中的沟渠、田埂、通道等予以平整，并将地里水井、电杆拉线、树桩等不明显障碍进行标记。

（二）调整割台高度

大豆机收过程中，如果割台高度调节不当，则无法有效地完成收割工作，容易引起大豆机收割机未收齐的问题，从而导致大豆的部分损耗。因此，及时调整割台高度，使其与地面保持适当距离，能够确保完成工作的质量和效率。

（三）控制速度

大豆机收的速度也是影响其损失的重要因素。过高或过低的收割速度都会导致损失增加，所以在操作大豆机收时，要根据大豆自身的生长情况和田地的地形条件合理地控制车速，避免出现切割阻力过大，"断样"或割台牵引力过小造成的割茎不干净等问题。

（四）周密规划

在操作大豆机收之前，要做好充分的周密规划，先进行地形地貌的踏勘，然后制定出合适的收割方案，避免在收割过程中出现滞后停机和在收割中间造成缺口等情况。

二、贮藏

一是严格控制入库水分。大豆长期贮藏水分不能超过12%。大豆收获后，要在豆荚上充分晒干再脱粒。入库后水分偏高的大豆，可采取日晒处理，但要摊凉后才可入仓。

二是适时通风，散热散湿。新入库的大豆籽粒间水分不均匀，加上大豆的后熟作用，堆内湿热容易积聚，引起发热霉烂，因此要适时通风，散热散湿。

三是低温密闭贮藏。进入冬季后应加强通风降温，趁春暖前采用压盖或塑料薄膜密闭贮藏，一般可以安全度夏。

第九章　小杂粮

第一节　谷　子

一、地块选择

谷子对土壤没有过多的要求，抗干旱和耐贫瘠性比较强，除盐碱地和低洼地外，其余地块都可以种植。但是由于谷子谷粒小，幼苗顶土能力较差，种植谷子的地块最好选择在地势平坦、土层深厚、土质疏松、排灌性好的地方。

二、轮作倒茬

谷子种植不适宜重茬，轮作时间一般是 3~4 年，连续种植会造成病虫草害加重，所以谷子种植要进行科学的轮作换茬，适合种植谷子的前茬作物有玉米、马铃薯等。

三、精细整地

精细整地能起到防干旱、保墒情、促全苗的作用。整地时间应掌握在土壤化冻一犁深的时候，这个时候要及时进行浅耕。

四、施足基肥

整地同时施足基肥，以农家肥为主，要在播种前一次性深施，一般每亩施农家肥 2 000~3 000kg、磷酸二铵 10kg、尿素 5kg。

五、适时播种

（一）选用良种

选择抗病性高、商品性好、增产性高的优良品种。

（二）播前晒种和药剂拌种

播种前，要对谷子进行晒种，一般晒种 2~3d，在晴天的中午进行，晒种后去除种子中的瘪粒，然后进行药剂拌种，每千克种子用 100g 噻虫·咯·霜灵，兑水 1~2.5 L，稀释后与种子均匀搅拌，阴干后即可播种。

（三）播期

春谷的播种时间是 5 月中下旬，当地温达到 10~15℃，土壤含水量达到 10%时，即可播种，最迟不能迟于 5 月底。夏谷的播种时间是 6 月 15—25 日。

（四）播种方式

谷子播种量一般为每亩 0.5~1.0kg，播种深度春谷以 3~4cm 为宜，夏谷以 2~3cm 为宜。播种时可采用耧播也可以采用机播，提倡等行距播种方式，行距 35cm 左右。播种后镇压可以促使谷种和土壤更好接触，但播种后如果土壤湿度比较大，需过些天后再进行镇压。

（五）种植密度

土壤的肥力不同，种植密度也不一样。肥力高的地块，密度一般以每亩留苗 3.5 万~4 万株为宜；肥力一般的地块，一般以每亩留苗 3 万~3.5 万株为宜。

六、田间管理

（一）间苗

谷子的密度一般是每亩 3 万~4 万株，当谷子生长到 3~5

叶期即可进行间苗，间苗要根据密度要求一次性达到留苗的密度。

（二）补苗

谷子要保全苗，出苗后如果有缺苗现象，就要及时进行补苗。可以用催过芽的种子补种，补种后仍有缺苗现象就要进行移栽。移栽可以在谷苗 4~5 叶期的时候进行，这个时期移栽的谷苗成活率高。

（三）中耕

拔节期要进行中耕，中耕能改善谷子的生存环境，既可以起到松土通气作用，又可以有效地抑制杂草的生长，还能够促进根系更好地吸收养分水分，有效地预防倒伏，获得高产。

（四）追肥

谷子苗期可亩用氮磷钾复合肥 20~25kg；进入拔节期后是需肥需水的重要时期，这个时候要保证足够的肥水供应，拔节期可喷施叶面肥磷酸二氢钾；抽穗期可亩追施尿素 10~15kg；开花期选用叶面肥喷施 2~3 次，喷洒到叶面上，这种根外施肥效果好、增产高。

（五）灌溉

种子在幼苗时期耐旱，通常无须灌溉。随着谷苗的生长发育，叶片逐渐变大，对水分的需求也随之增长。谷子对水分的需求表现在：早期需要水分较低，中期则需要较多的水分，而后期则需要较少的水分，并且怕涝，拔节至抽穗期，土壤含水量不得少于 65%~75%。所以，在拔节后要结合土壤含水量多少进行灌溉。

七、病虫害统防统治

（一）谷子锈病

1. 症状

谷子锈病可为害叶片和叶鞘，但在叶片上发生更加严重。

发病初期在叶片两面，特别是背面产生圆形或椭圆形红褐色隆起，后期突破表皮而外露，周围残留表皮，散出黄褐色粉末状物。严重时夏孢子堆布满叶片，造成叶片枯死，茎秆柔软，籽粒秕瘦，遇风雨倒伏，甚至造成绝产。

2. 防治

防治谷子锈病应采取以抗病品种为主，药剂防治为辅的综合措施。

（1）选育和栽培抗病品种。抗病品种仅能抵抗一定的锈菌小种，因小种变换，抗病性有可能失效。抗病育种和品种合理布局都需参照锈菌小种分布状况。

（2）加强栽培管理。适期早播，合理密植，保持通风透光，合理排灌，低洼地雨后及时排水，降低田间湿度。采用配方施肥技术，增施磷、钾肥，施用氮肥不要过多、过晚，防止植株贪青晚熟。在本地菌源越冬地区，冬前要清除病残体，封存带病谷草。

（3）药剂防治。感病品种在流行年份，需根据田间病情监测，及时喷药防治。一般在传病中心形成期，即病叶率1%~5%时，喷第一次药，间隔10~15d后再喷第二次。常用药剂有20%三唑酮（粉锈宁）乳油1 000倍液，15%三唑酮可湿性粉剂600~1 000倍液，15%三唑醇（羟锈宁）可湿性粉剂1 000~1 500倍液，12.5%烯唑醇（速保利）可湿性粉剂1 500~2 000倍液，50%萎锈灵可湿性粉剂1 000倍液，25%丙环唑（敌力脱）乳油3 000~4 000倍液，40%氟硅唑（福星）乳油8 000~9 000倍液等。

（二）谷子瘟病

1. 症状

谷子各生育期均能发病，可为害谷子叶片、叶鞘、节、穗颈、穗轴或穗梗等部位，引起叶瘟、穗颈瘟、穗瘟等不同症

状，其中叶瘟、穗瘟发生普遍且为害严重。叶瘟：谷子苗期即
可发病，病菌侵染叶片，先出现椭圆形暗褐色水渍状小斑点，
以后发展成梭形斑，中央灰白色，边缘褐色，部分有黄色晕
环。空气湿度大时，病斑背面密生灰色霉层（病原菌的分生
孢子梗和分生孢子）。严重时病斑密集，汇合为不规则的长梭
形斑，造成叶片局部枯死或全叶枯死。有时还可侵染叶鞘，形
成鞘瘟，表现为椭圆形黑褐色病斑，严重时多数汇合，扩大成
长椭圆形或不规则病斑，造成叶鞘枯死。严重发病时常在抽穗
前后发生节瘟，节部先呈现黄褐或黑褐色小病斑，逐渐扩展环
绕全节，阻碍养分输送，影响灌浆结实，甚至造成病节上部枯
死，易倒伏。穗颈瘟：穗颈上的病斑，初为褐色小点，逐渐向
上下扩展变为黑褐色，受害早发展快的病斑可环绕穗颈，造成
全穗枯死。穗瘟：穗主轴上发病、变褐，会造成半穗枯死；或
小穗梗发病、变褐，阻碍其上小穗发育灌浆，早期枯死呈黄白
色，后期变黑灰色，形成"死码子"，不结实或籽粒干瘪。谷
瘟病菌有高度的致病性分化，存在不同的生理小种。

2. 防治

（1）种植抗病品种。谷子品种间抗病性差异明显，有较
多抗病种质资源和抗病品种，可根据本地病菌小种区系，合理
鉴选使用。种子田应保持无病，繁育和使用不带菌子。必要
时播前进行种子消毒。

（2）加强栽培管理。病田实行轮作，收获后及时清除病
残体，深耕灭茬，减少越冬菌源；合理调整种植密度，防止田
间过度郁蔽，合理排灌，降低田间湿度，减少结露；合理施
肥，防止植株贪青徒长，增强抗病能力。

（3）药剂防治。有效药剂有40%克瘟散（敌瘟磷）乳油
500~800倍液，50%四氯苯酞（稻瘟酞）可湿性粉剂1 000倍
液，75%三环唑可湿性粉剂1 000~1 500倍液，2%春雷霉素可
湿性粉剂500~600倍液，6%春雷霉素可湿性粉剂1 000倍液

等。防治叶瘟在始发期喷药，发生严重地块可间隔7d，再喷1~2次。防治穗颈瘟、穗瘟可在始穗期和齐穗期各喷药1次。

(三) 谷子胡麻斑病

1. 症状

胡麻斑病是谷子的常见病害，分布普遍，受害程度因品种而异。种植感病品种，在雨水较多，湿度较高年份，发病加重，可造成严重损失。

胡麻斑病与谷瘟病都侵染叶片，产生叶斑，要注意正确区分。胡麻斑病病斑近于椭圆形，病斑两端钝圆，斑面褐色较均一，而谷瘟病病斑近于菱形、梭形，两端较尖，且伸展出长短不一的褐色坏死线条，斑面色泽不均一，通常病斑中部灰色，边缘深褐色，有时病斑外围变黄色。

2. 防治

应种植抗病、轻病品种，使用无病种子；重病田在收获后应及时清除病残体，或与非禾本科作物进行轮作；要加强栽培管理，增施有机肥和钾肥，适量追施氮肥，增强植株抗病能力；结合防治粒黑穗病和白发病，进行药剂拌种，减少种子带菌。重病田块可适时喷施杀菌剂。据测定，腐霉利、百菌清、三唑酮等杀菌剂有较强的抑菌效果。

(四) 谷子黑穗病

1. 症状

黑穗病是谷子的一类重要病害，有十余种黑粉菌可以侵染谷子，引起各种黑穗病。为害最严重的是谷子粒黑穗病。

(1) 粒黑穗病。病株高度、分蘖数、色泽等特征与健株相似，在抽穗前不易识别。病穗较狭长，略短小，初为灰绿色，后期变为灰白色，比健穗轻。通常全穗发病，病小穗子房被病原菌破坏，变为冬孢子堆，仅残留外颖。冬孢子堆俗称

"菌瘿"，其尺度与正常籽粒相当或略大，卵圆形或近圆形，包被灰白色外膜，坚韧不易破裂，内部充满黑褐色粉末状物，即病原菌的冬孢子，菌瘿的外膜破裂后，黑褐色冬孢子粉末飞散。

（2）腥黑穗病。谷穗上仅少数籽粒发病，通常一个穗子上有病粒1~5个，最多有20余个。子房被病原菌破坏，残留颖壳，形成菌瘿。菌瘿卵圆形或长圆锥形，比健康谷粒大，已知最大的菌瘿比正常谷粒长几十倍，明显突出。菌瘿外膜绿褐色，由顶端破裂，散出黑褐色粉末状冬孢子。

（3）轴黑穗病。谷穗上仅少数籽粒发病。病小穗的子房被病原菌破坏，残留外颖，形成菌瘿。菌瘿比健粒稍大，包被灰白色外膜，内部可残留中轴，菌瘿破裂后散落黑褐色冬孢子。

粒黑穗病全穗发病，菌瘿正常大小，腥黑穗病菌少数籽粒变为菌瘿，菌瘿很大，突出到外颖外面，轴黑穗病也是少数籽粒发病，但菌瘿正常大小，菌瘿内可残留中轴，三者易于区别。

2. 防治

在谷子黑穗病中，粒黑穗病分布广泛，为害严重，研究也较深入，现有谷子黑穗病的防治方法，主要是针对粒黑穗病而提出的。

（1）种植抗病品种。

（2）繁育无病种子。搞好无病种子繁育田或由无病地留种，不使用来源于发病地区和发病田块的种子。

（3）种子药剂处理。用于拌种的杀菌剂种类较多。50%福美双可湿性粉剂，50%多菌灵可湿性粉剂，25%三唑酮可湿性粉剂，15%三唑醇干拌种剂等，皆以种子重量0.2%~0.3%的药量拌种。2%戊唑醇（立克秀）干拌种剂按种子重量的0.1%~0.15%的药量进行拌种。40%福·拌（拌种双）可湿性粉剂以种子重量 0.1%~0.3% 的药量拌种。该剂由拌种灵和福美双按 1∶1 的比例混配而成，含拌种灵 20%、福美双 20%。拌种双可渗入种子，杀死种子表面和种子内部的病原菌，也可进入幼芽、幼根，保护幼苗免受土壤中病原菌的侵染。

（五）粟灰螟

1. 症状

以幼虫蛀食谷子等茎秆，苗期受害形成枯心苗，穗期受害遇风易折倒形成瘪穗和秕粒。成虫体长 8.5~10mm，翅展 18~25mm，雄虫体淡黄褐色，额圆形不突向前方，无单眼，下唇须浅褐色，胸部暗黄色；前翅浅黄褐色杂有黑褐色鳞片，中室顶端及中室里各具小黑斑 1 个，有时只见 1 个，外缘生 7 个小黑点成一列；后翅灰白色，外缘浅褐色。雌虫色较浅，前翅无小黑点。卵长 0.8mm，扁椭圆形，表面生网状纹。初白色，孵化前灰黑色。末龄幼虫体长 15~23mm，头红褐色或黑褐色，胸部黄白色，体背具紫褐色纵线 5 条，中线略细。蛹长 12~14mm，腹部 5~7 节周围有数条褐色突起，第 7 节后瘦削，末端平。初蛹乳白色，羽化前变成深褐色。

2. 防治

在针对该虫害的防治过程中，需要定期巡查谷子的生长情况，一旦发现粟灰螟为害，应及时进行有效的药剂防治，可选择 2.5% 溴氰菊酯乳油 2 500 倍液进行喷施。与此同时，也可以使用有效的植物源性提取物进行防治，如辣椒、大蒜、苦楝等植物提取物。另外，在翻耕时将秸秆及杂草清理干净，减少虫害的栖息地，谷子的播种期要尽量安排在早期，以缩短收获期，减少虫害为害的时间。

（六）粟芒蝇

1. 症状

粟芒蝇的成虫体长 3~4mm，身体呈黑色或灰黑色，翅膀透明，前缘具有黑色纹理。幼虫呈白色或黄色，主要为害谷子的穗部和叶片。从发生时间来看，粟芒蝇全年都有可能发生，主要在谷子穗部的生长期和收获期进行为害。幼虫在谷子的穗部和叶片上寄生并取食，导致谷子的发育受阻，产量降低，严重时还会导致谷子不育或裂荚。

2. 防治

在针对该虫害进行防治时，需要对采收好的谷子进行彻底的清理，减少虫害的栖息和生存环境。在谷子的生长期和收获期，定期巡查，一旦发现粟芒蝇为害，应及时使用有效的化学农药进行防治，如多菌灵、吡虫啉、氯氰菊酯等。

（七）红蜘蛛

1. 症状

红蜘蛛也被称为叶螨，其特征是体长 0.5~0.8mm，体型细长，一般呈红色或黄褐色。在谷子种植过程中，红蜘蛛能够吸食植物叶片细胞间的液体，导致叶片发黄、变脆，出现褪绿斑、叶尖枯死等症状。当蜘蛛螨种群密度增加时，叶片会逐渐变黄、枯萎，甚至叶片掉落。

2. 防治

对于该虫害可以使用有效的化学农药进行防治，如阿维菌素、戊唑醇、灭螨威等。根据红蜘蛛的发生情况和农药的使用建议，合理选择农药和使用剂量。

在田间管理中，还需要保持谷子生长环境湿润，适时进行合理的灌溉，增加空气湿度，减少红蜘蛛的繁殖和发生。除此之外，还可以考虑使用生物防治方法，如引入天敌或使用生物农药，以降低对环境的影响。

八、机收减损及贮藏

适期收获是保证谷子高产丰收的重要环节，谷子适宜收获期在蜡熟末期至完熟期最好。当谷穗背面没有青粒，谷粒全部变黄、硬化后及时收割。收获过早，秕粒多或不饱满，谷粒含水量高，出谷率低，产量和品质下降；收获过迟，纤维素分解，茎秆干枯，谷壳口松落粒严重，造成产量损失。

谷子有后熟作用，收获的谷子堆积数天后再切穗脱粒，可增加粒重。

风干后脱粒，脱粒后应及时晾晒，一般籽粒含水量在13%以下可入库贮藏。仓库要保证仓顶不漏水，地面不返潮，门窗设网防止鸟、鼠、虫入内。

第二节　高　粱

一、科学选地

产地环境条件要求符合《绿色食品　产地环境质量》（NY/T 391—2021），选择空气清新、水质纯净、土壤无污染，具有良好农业生态环境的地区，应避开工业区，交通要道，远离市区。虽然高粱具有抗旱、耐贫瘠、耐盐碱的特点，对土壤具有较强的适应能力，但耕层深厚、有机质含量高、酸碱度适宜的土壤更能实现高产稳产。高粱忌重茬，重茬地块病害发生较重，且杂草丛生，严重消耗土壤中的营养元素，易造成"歇地"。必须轮作倒茬，与玉米、豆类、薯类、谷子等作物轮作。上茬使用含有烟嘧磺隆除草剂的地块不宜种植高粱。

二、精细整地

在上茬作物收获后进行整地。整地时要深耕深翻，深度25~30cm，耕细耙匀，提高土壤的蓄水、保肥、抗旱能力。秋季深耕后，翌年早春要顶凌耙地，以确保土壤平整细碎、上暄下实，能为种子萌发、出苗创造条件。整地时应多施底肥，底肥以腐熟的农家肥或商品有机肥为主，1 500~2 000kg/亩，辅以含磷、钾的专用复合肥30~40kg/亩。

三、选种

选种是确保高粱高产的关键环节，若选种不当，会导致高粱产量低，影响种植户的经济收入。

选择经国家或省级农作物品种登记，适宜当地土壤条件、生态环境、高产稳产、抗倒伏、抗病性强的品种。筛选种子，要求种子籽粒饱满，整齐一致，发芽率90%以上、种子净度98%以上。

四、种子处理

选好种子后，选晴天晒种2~3d，促进种子生理成熟、增强种皮通气透水性、加强酶活性、提高种子发芽率。在播种前，选择优质种衣剂进行拌种，如按照3∶1 000的比例使用40%拌种双可湿性粉剂，可有效预防黑穗病；按照（3~5）∶1 000的比例使用25%三唑酮可湿性粉剂，可有效预防地下害虫。浸种催芽，将种子放在40℃的温水中浸泡2~3h，然后将种子放在麻袋等湿袋中装好，放在温室中闷10~12h。种子露白后即可播种。

五、起垄覆膜

为防止土壤水分流失，一般采用先铺膜后播种的方式，土壤墒情较好时应趁墒起垄覆膜。采用大垄双行种植方式种植，一般大垄垄宽60~70cm，高10cm。地膜宽120cm，厚0.1mm，每幅地膜要种植2行高粱。覆膜后，垄上每隔2m用土压实固定地膜，以防大风揭膜。7d后，当地膜贴紧土壤时，沟底需要开一个圆形渗水孔，各渗水孔间隔30cm，后期可起到集雨作用。

六、适时播种

当土壤 5cm 地温为 12~15℃ 时即可播种。晚熟品种适时早播，早熟品种适时晚播。根据"肥地宜密，薄地宜稀"的原则，播种量 36~45kg/hm²，保苗 5 500~7 000 株/亩，播种深度 3~4cm。播种后覆土踩压。

七、田间管理

（一）苗期管理

1. 间苗、定苗

出苗后 3~4 片叶时间苗，5~6 叶时定苗，以有效减少水分、养分消耗，达到健壮苗、早发育的目标。

2. 中耕

苗期需要中耕 2 次，第一次需结合定苗进行，第二次在定苗的 10~15d 后进行。中耕可增强高粱苗抗风抗倒、抗旱保墒能力。

3. 除草

采用机械人工相结合的方法进行除草，在大喇叭口期，喷施 23% 烟嘧·莠去津 1 500mL/hm²+氯氟吡氧乙酸 600mL/hm² 除草。

施药时要选用高效安全的除草剂，科学适量适时施药，减少对环境的污染。

（二）中期管理

拔节期至孕穗期对水分的需求量较大，如果土壤缺少，会对穗粒数和肥料利用率产生严重影响；应根据天气变化、土壤水分、植株表现适时适量灌水，保证植株抽穗整齐，提高产量。追施拔节肥，腐熟的农家肥 1 000kg/亩，尿素 5kg/亩；

孕穗肥，腐熟的农家肥 1 000kg／亩，尿素 15kg／亩；追肥时期与数量应根据天气和苗情而定。

（三）后期管理

抽穗开花期至成熟期是肥水管理的重要时期。

应增加氮肥的施用量，追施含氮、磷、钾的专用复合肥 10~15kg／亩；若土壤缺水，应及时浇灌，并一次性浇透，以避免倒伏。

八、病虫害统防统治

（一）靶斑病

1. 症状

主要为害叶片和叶鞘，产生叶斑或叶枯。病株叶片上初生淡紫红色小斑点，后扩大成为卵圆形、椭圆形或长椭圆形病斑。病斑中心有一个明显的褐色或紫红色坏死点，周围黄褐色，病斑边缘紫红色或深褐色，整个病斑外形类似打靶的"靶环"。高粱植株抽穗前症状尤为明显。籽粒灌浆前后，病株的叶片和叶鞘自下而上被病斑覆盖，多个病斑汇合导致叶片组织坏死。

2. 防治

（1）与其他作物实行 3 年以上轮作。

（2）药剂处理。50％多菌灵可湿性粉剂 500 倍液，或 75％百菌清可湿性粉剂 600~800 倍液，或 50％异菌脲可湿性粉剂 500 倍液等喷雾防治，间隔 7~10d 喷洒 1 次，连续喷 2~3 次。

（3）合理密植。一般每亩种植 8 000~10 000 株，防止种植过密。可与矮秆作物（如大豆）间作套种，增加通风透光。

（4）及时清除病株残体，带出田外，降低翌年发病率。

（二）苗枯病

1. 症状

发病后叶缘先出现黄褐色枯死条斑，后个别叶片或幼苗萎蔫，根部呈现淡黄色至黄褐色，后逐渐腐烂、坏死。

2. 防治

（1）在播种前用温水浸种。45～55℃温水浸种5min后闷种，待种子萌发后播种，既可保苗又可降低发病率，或用多黏类芽孢杆菌800～1000倍液进行浸种、浸根、灌根或喷淋。

（2）苗期可用枯草芽孢杆菌375倍液+0.3%苦参碱乳油300倍液防治。

（3）实行3年以上轮作，搞好田间卫生，清除病株残体，降低翌年发病率。

（三）黑穗病

1. 症状

黑穗病是高粱种植中容易出现的一种病，是由于种子和土壤之间的接触产生的，此病害发生后对高粱产量影响较大，减产率较高。此病主要由含有病菌的厚垣孢子对植株的侵染而引起，厚垣孢子在土壤中越冬，翌年播种后对幼芽形成感染，并逐渐扩散到花穗等部位。病菌的生命力顽强，在地上越冬的病菌可存活一整年，而埋在土壤深处时可存活3年之久。重茬种植、播种时间过早、播种后覆土过厚、出苗时间拖延等因素都会引起此病发生，或导致病情加重。

2. 防治

一是土地轮作与消毒。可与豆科类作物进行至少3年的轮作，播种前应进行深翻整地，在土壤表面喷施消毒剂，可以有效减轻病虫害发生。二是对种子进行闷种处理。将种子放在温水中浸泡5min，然后进行闷种催芽，待大部分种子萌发后可用于播种，通过闷种和催芽，不仅可以提高出苗率，还有利于降低病虫害发生率。三是拔除病株。田间发现病株后应立即将其拔除，并带到田外进行深埋或沤肥处理，以杀死病原菌，阻止病害发生大范围传播。四是适期播种。播种时应根据当地的气温情况，确定准确的播种时间，不仅可以保证幼苗如期出土，还能减轻病菌感染幼苗的概率。

（四）炭疽病

1. 症状

炭疽病主要为害高粱叶片，严重发生时可导致整株枯萎而死，从而降低高粱的品质和产量。

此病在高粱的苗期和成株期均有可能发生，气温过低、多雨潮湿等因素都是引发此病的因素，严重低温潮湿时会加重病情。病菌丝及分生孢子随种子越冬，翌年春季播种后发病，并产生新的分生孢子，随气流和雨水传播，产生多次重复性侵染，使发病范围不断扩大，如果不加以有效控制易引起大范围流行。

2. 防治

一是种植抗病性强的高粱品种。不同品种的抗病性也会不同，应针对各地病虫害发生的种类和规律，有针对性地选择抗病品种，并保证品种适宜在当地种植。二是对种子进行消毒处理。选用福美双可湿性粉剂兑水后稀释成溶液进行拌种处理，以达到杀菌效果。三是利用化学药剂防治。发病初期利用炭疽福美，或咪鲜胺兑制成溶液喷雾防治，每隔10d喷1次，喷施2~3次。

（五）紫斑病

1. 症状

此病主要由真菌引起，依靠气流传播，在大风天气中传播迅速，会对高粱的叶片和叶鞘产生不同程度的为害，通常在高粱生长后期发病。高粱受害后叶片和叶鞘首先发生枯萎，随着病情加重会使整株死亡。发病初期染病的叶片上会出现褐色的病斑，在叶片的背面产生深灰色的霉层，这些霉层即分生孢子，可随风雨进行大范围传播，反复侵染高粱植株。

2. 防治

一是耕地轮作。在紫斑病经常发作的地块，应实行 2~3 年的轮作倒茬，有利于减少土壤中有害生物数量。二是合理施肥。在追肥时，应适量增施钾肥，提高植株的抗病能力。三是及时清除病残体和病株。在上茬作物收获后，应及时将秸秆、杂草等清理出去，尤其是要将染病的枯秆清理出去，清理后再对土地进行深翻，将病残体翻到土壤中深埋；同时发病初期及时将染病的叶片摘除，整株出现病症时应将整株拔除，带出田地集中销毁。四是使用药剂防治。在发病初期选用 50%代森锌可湿性粉剂 600 倍液，或 50%甲基硫菌灵可湿性粉剂 1 000 倍液喷雾防治，用量在 750~1 125kg/hm²。

（六）地下虫害

1. 症状

为害高粱生长的地下害虫主要包括地老虎、蛴螬、蝼蛄等，地下害虫会为害高粱的根、茎及叶片，严重时会导致植株死亡。

2. 防治

一是用药剂拌种或包衣。取 1605 乳剂 0.5kg 兑水 20kg 混匀后与 300g 种子进行拌种处理；或利用专用种衣剂对种子进行包衣防治。二是制作毒饵诱杀。取 90%敌百虫 0.5kg 兑水 5kg 混匀，与豆饼或米饭等混拌，放置在地下害虫经过处进行诱杀。三是物理防治。在害虫多发期间利用害虫的趋光性等特点，合理设置黄板引诱害虫，减少对高粱种子的伤害。

（七）蚜虫

1. 症状

蚜虫一般大量聚集在叶片背面，在啃食叶片的同时排出蜜露，引发污霉病。高粱被蚜虫侵蚀后叶片逐渐枯萎，光合作用能力降低，导致高粱长势变差、产量降低，严重时甚至会造成绝产。持续高温和干旱是蚜虫严重发生的主要原因之一。

2. 防治

主要利用药物防治，可用的药物有啶虫脒乳油、抗蚜威可湿性粉剂等，可采用拌制毒土或稀释后喷施的方式进行防治。

（八）钻心虫

1. 症状

主要对高粱幼苗产生为害，受害后的幼苗会出现枯心，主茎不再生长，分蘖丛生，使高粱的生长发育受到极大影响，导致高粱产量明显降低。

2. 防治

一是及时拔除病株，进行深埋处理。二是利用黄板对害虫进行诱杀。

（九）玉米螟

1. 症状

玉米螟也是一种为害较大的害虫，会破坏高粱茎秆，从而阻断高粱内部的营养输送，降低成活率。

2. 防治

一是天敌防治。在不对其他作物造成伤害的前提下引入天敌赤眼蜂等，消灭影响高粱生长的害虫。二是化学防治。使用化学农药，如杀虫剂等，从而提高产量。

（十）穗螟

1. 症状

成虫有趋光性、趋化性，以幼虫进行为害。成虫把卵产在吐穗扬花的穗上，初孵幼虫蛀入高粱幼嫩籽粒内，用粪便或食物残渣把口封住，在其内蛀害，吃空 1 粒后转入其他籽粒。3 龄后吐丝结网缀合小穗，中间留有隧道，在里面穿行啃食籽粒，严重的把高粱籽粒蛀食一空，并能在粮食进仓后继续为害。

2. 防治

（1）在田间每 30~50m² 安装 1 盏太阳能杀虫灯诱杀成虫，减少田间落卵量。

（2）药剂防治。5%除虫菊素乳油 800~1 000 倍液、苏云金杆菌可湿性粉剂 300~500 倍液、0.3%苦参碱水剂 600~800 倍液喷雾。

（3）糖醋液诱杀成虫。糖醋液是将酒、水、糖、醋按照 1：2：3：4 的比例，加适量 90%晶体敌百虫配制而成。

（4）及时处理秸秆，清除越冬寄主，减少虫源。

（十一）草地贪夜蛾

1. 症状

1~3 龄幼虫通常隐藏在叶片背面取食，形成半透明薄膜，还会吐丝，4~6 龄幼虫为害更严重，取食后叶片形成不规则的长形孔洞，可将整株叶片全部蛀空，最终影响叶片和果穗的正常发育。

2. 防治

（1）性诱剂诱杀。按照每 130~150m² 使用一套性诱芯诱杀。

（2）药剂防治。0.3%印楝素 800~1 000 倍液或 300 亿

cfu/g 球孢白僵菌 500 倍液喷雾防治。

九、机收减损及贮藏

高粱成熟后，要适时收获，机械收获可保证高粱的品质。收获过晚会掉籽摔穗，严重影响产量。当高粱籽粒含水量达20%时是最佳的收获时间。

第三节 蚕 豆

一、科学轮作

蚕豆的根部存在很多根瘤和细菌，能够更好地固定空气当中的氮和磷元素，增加土壤中所含氮和磷元素的稳定含量，有利于农作物的增产增收。但由于蚕豆地块根部也可能会不断分泌和释出大量的有机酸，如果连续多年在同一个蚕豆地块进行种植，会影响根系的正常生长发育，抑制根瘤菌的有效繁殖，造成蚕豆植株矮小，病虫害加重，降低蚕豆的产量和品质。因此在人工种植蚕豆过程中一定首先要严格制定合理的田间轮式耕作制度，避免连续多年在同一个田间地块进行种植，一般正常情况下各种蚕豆秧苗应该与各种小麦、青稞、马铃薯等其他作物一起进行合理的田间轮作，实行一年一次轮作倒茬制度。

二、科学选地整地

蚕豆的土壤环境适应能力较强，能够在多种土壤深度环境下生长，但为了能够确保蚕豆长期高产，应该科学选择蚕豆主要种植地。一般选择土壤深厚、有机质微量元素成分含量丰富、排水灌水系统完善、地势较高的向阳面耕地为好。然后对其进行深翻处理，深耕地的土壤深度一般应该尽量控制在 20~30cm，提升土壤的保水能力，促进根瘤菌的生长繁殖。通过有效的翻耕处理，还能够将地下幼虫和病原翻耕出来，利用阳光将其杀死，减轻苗期地下害虫的为害。旱地秋季收获之后应该进行深耕处理，为翌年春季播种奠定坚实基础。在做好整地工作的同时，还应该做到科学施入底肥。应该根据蚕豆不同生长发育阶段的需肥特点，坚持以磷、钾肥为主并配合适当的氮肥。一般施入完全腐熟的有机肥 3 000~4 000kg/亩，过磷酸钙50kg/亩，硝酸铵 5~8kg/亩，磷酸二铵 5kg/亩。

三、科学播种

（一）确定最佳的播种日期

蚕豆发芽时对高寒土壤温度抵抗条件及其要求相对较低，种子发芽的适宜温度为 16~25℃，最低温度为 3~4℃，最高温度为 30~35℃，结合高海拔地区的气候土壤条件及其特点，进行播种时间的调整。适时播种，确保苗期幼苗根系旺盛，生长健壮，分支较多，为苗期蚕豆高产稳产后的播种发芽奠定坚实基础。

（二）确定最佳的定植密度

蚕豆栽培过程中，密度过大过小都会对植株的生长情况产生一定影响，定植密度过大，由于光合作用面积减少，茎秆细弱，容易倒伏。定植密度过小会使田间空间严重浪费，不利于增加单位面积内的蚕豆产量和品质。结合近年来的栽培经验，推广应用宽窄行栽培模式，种二空二，种三空一，行距为宽行40cm、窄行14cm。有效调节植株和群体之间的关系，保证每株蚕豆苗都能够接受充足光照和营养供给。合理设计种植密度，为高产稳产奠定了坚实基础。

四、田间管理

（一）适时摘心打顶

当植株生长到一定高度之后，应该及时将顶尖去除，这样能够更好地保证营养供给，保证果荚得到充分的营养。蚕豆打尖与不打尖后的产量存在很大差别，打尖后蚕豆的产量和品质均有提升。当植株生长到 10~12 层花荚时，应该对蚕豆的顶尖进行摘心处理。

（二）科学除草

蚕豆植株生长较为旺盛，如果没有做好田间除草工作，很容易造成杂草与蚕豆争夺营养物质，不利于提高蚕豆的产量。妥善有效地除草能够营造良好的生长环境，保证光照充足。苗期除草时，应该避免伤害蚕豆的根系。整个苗期一般需要每年进行 2~3 次的中耕除草，第一次在当年幼苗蚕豆生长达到 7~10cm 时进行，以浅耕的中耕除草为主，及时铲除清理进入田间的幼嫩蚕豆杂草。第二次在当年蚕豆幼苗封垄之前及时进行。第三次主要是将田间生长高大的杂草人工拔除，为蚕豆高产稳产奠定坚实基础。

五、病虫害统防统治

（一）合理轮作倒茬

可与蚕豆、小麦、油菜等进行轮作种植，轮作时间需要超过 3 年，从而降低土壤中蚕豆易感病菌的积累，但是需要注意，不可与其他豆科类植物进行轮作。

（二）选择无病种子

尽量在无幼苗病株的耕地田块或其他无病株的耕地进行育苗留种，或直接购买成品种子进行种植。播前育苗可使用 20%二氯三唑酮进行拌种，或选用湿性无菌剂或包衣剂等拌种，培育幼苗。

（三）实行宽窄行种植，合理密植

如栽培地为平地，宽窄行种植时可以按照宽 40cm、窄 20cm、株距 15cm 的规格栽培，如栽培地为山地，宽窄行种植时可以按照宽 60cm、窄 20cm、株距 15cm 的规格栽培。

(四) 使用药剂防治

蚕豆枯萎病刚刚发病时可以使用 50% 甲基硫菌灵可湿性粉剂 500 倍液喷雾防治，每周用药 1 次，连续用药 2 次。如已发展至严重时期，可使用 3% ~ 4% 石灰水进行灌根，每周 1 次，连续 2 次，以避免病害的大面积传播发展。

(五) 加强田间管理

加强对农田的田间管理也是非常重要的，需要调节田间水分情况，在干旱时期进行适当灌溉，在雨季做好排水管理，避免田间湿度过高加重病害发展。

在病残植株基部主茎基质上部，可能出现 10 ~ 12 层的穗状复叶花序，应及时拔除，摘心叶并进行对叶打顶，彻底清除病残植株基部病残体，并集中处理销毁，实行秋冬季混合耕种和夏肥冬灌等。

六、机收减损及贮藏

(一) 收获

蚕豆上下部荚果不是同时成熟，必须注意适时收获。一般适宜的收获期是植株下部叶片脱落，主茎基部 4~5 层荚变黑，上部荚呈黄色时进行分段收获。

(二) 脱粒

采用分段收获的，当豆荚完全风干变黑时机械脱粒，注意细打细收，保证颗粒归仓。

(三) 贮藏

蚕豆脱粒后应充分晒干，以指甲划不起痕时才可安全贮藏，要求籽实的安全含水量为 13% 以下时，贮存在通风干燥阴凉处。

第四节　绿　豆

一、选地整地

选择地势平坦、排灌方便、土层深厚、肥沃的沙壤土或壤土，结构疏松，透气性好，土壤呈中性（pH值6.5~7.5）的地块，并避免与豆科作物重茬、迎茬。

深翻20~25cm，播种前用旋耕犁旋耕，做到"深、松、细、碎、平"。

二、品种选择

选择适应性广、株型直立紧凑、主茎粗壮、分枝力强、根系发达、抗逆性强、不易裂荚、成熟期相对一致、籽粒商品性好的中早熟品种。不同区域适合的绿豆品种也不同，为了获得高产，应当选择适合当地种植的优良品种。

三、种子处理

为了确保全苗，播种前应对绿豆种子进行选种、晒种和拌种处理。选用籽粒饱满、无虫口、无霉变、无混杂的优质种子，于晴天将种子翻晒1~2d。播种前用50%多菌灵可湿性粉剂或2.5%咯菌腈悬浮种衣剂拌种。

四、播种方法

当平均气温稳定在15℃以上时即可播种，一般春播在3—5月，夏播在6—7月，秋播最迟在8月上旬完成。为了获得高产，还需根据当地气候情况适当调整播期，避开高温干旱季节播种。播种一般采用垄上开沟条播或点播，播后覆土深度3~5cm，为了减轻劳动强度、减少种植成本，建议使用小型播种器播种。

五、合理密植

根据绿豆品种、播种时期、种植模式、土壤肥水条件等因素确定绿豆种植密度。一般每公顷基本苗数为 10.5 万~15 万株，每公顷用种量为 15~22.5kg，每穴下种 3~4 粒，行距 40~50cm，株距 15~20cm。绿豆出苗后及时查苗、补苗，苗齐后，在第一片复叶展开后间苗，第二片复叶展开后定苗。

六、芽前除草

绿豆种植后 1~2d，喷施芽前除草剂（如 50% 乙草胺乳油 600 倍液或 96% 精异丙甲草胺乳油 600 倍液）进行封草。

七、科学施肥

绿豆耐瘠薄，在贫瘠的土壤上也可获得一定产量，但适当增施肥料可显著提高产量，一般每公顷施三元复合肥（15：15：15）75~150kg 作基肥或种肥，同时在分枝期至开花期前结合中耕培土追施三元复合肥（15：15：15）75~150kg。

八、水分管理

绿豆抗旱性强，苗期需水量少，但是在开花结荚期需水量相对较多，有条件的地区干旱时应及时补水，在绿豆开花前灌水 1 次，结荚期再灌水 1 次。绿豆耐旱不耐涝，田间不宜积水，雨水多时及时排水。

九、中耕除草

绿豆第一片复叶展开后结合间苗进行第一次中耕除草，分枝期结合培土进行第二次中耕。

十、病虫害统防统治

绿豆主要病害有根腐病、枯萎病、叶斑病、病毒病等，选用抗病品种及倒茬轮作是防治病害发生最有效的措施。

根腐病、枯萎病及叶斑病可在发病初期用75%百菌清可湿性粉剂600倍液、50%多菌灵可湿性粉剂600倍液或20%噻菌铜悬浮剂600倍液喷施。病毒病发生初期可以选用病毒365或病毒A制剂800倍液喷施，此外及时防治蚜虫能缓解病毒病发生。

绿豆主要虫害有卷叶螟、豇豆荚螟、豆野螟、斜纹夜蛾、蚜虫、豆芫菁等。

在绿豆地放置粘虫板，可降低夜蛾类等成虫数量。药物防治可在虫害发生初期喷施辛硫磷、高效氯氰菊酯、阿维菌素、甲维盐、苦参印楝素、吡虫啉、啶虫·哒螨灵等，药剂要交叉使用，避免害虫产生抗药性。

十一、收获及贮藏

绿豆在70%豆荚成熟后开始采收，以后隔15d再采收1次，一般采收2次，收获应在早晨露水未干或傍晚时。在多雨水季节，为了防止种子霉变，保证品质，需随成熟随采摘。收获后及时晾晒、清选、熏蒸及入库保存。

第五节　豇　豆

一、种子的选择和处理

（一）选择种子

我国豇豆品种较多，应结合当地气候条件和市场需求选择豇豆品种，要了解品种的产量以及抗病虫害能力，以便选择最佳的豇豆品种。不同季节种植的品种不同，早春应选择耐低温和弱光能力强的早熟品种。夏季高温应选择耐热和耐湿能力强的品种，保证种子纯度在99%以上，净度在98%以上，发芽率在95%以上。

(二) 种子处理

1. 选种和晒种

播种前做好种子处理工作，剔除机械损伤和有病害的种子，保证种子籽粒饱满和有光泽，同时做好晾晒工作，禁止暴晒，晾晒1~2d即可。

2. 种子消毒

播种前要做好种子消毒工作，选择50%多菌灵可湿性粉剂拌种，药剂和种子的比例为1:200，能够预防炭疽病和枯萎病。选择20%春雷霉素水剂500倍液浸泡种子2~3h，能够防控细菌性病害。

3. 固氮处理

在播种前，选择固氮菌7.5kg/hm^2，将其倒在装满种子的盆中加水后均匀搅拌，使固氮菌附着于种子表面。

4. 催芽处理

消毒后使用干净湿润的棉布包裹种子，催芽环境温度为25~30℃，在此过程中，要保证种子湿润，60%~70%种子露白后可以播种，催芽处理后的种子出苗率显著提高。

二、选地和整地

(一) 土地选择

选择适合豇豆种植的地区，远离污染源。选择地势高、排灌方便、土层深厚、pH值为6.0~7.2、有机质含量丰富、3年内没有种植过豆科类作物的沙质土。

（二）田块处理

在豇豆栽培中，应坚持轮作倒茬制度，与豇豆倒茬的农作物包括马铃薯和高粱。在豇豆栽培前要做好整地工作，通过深翻调整土壤结构，保证土壤肥力和提高土壤透气性。在收获后，可以深耕土壤，深度为25cm。

（三）施基肥

因为豇豆生长周期较短，对肥料的需求量大，但其根瘤不发达，应通过合理施肥，确保豇豆的产量。在整地过程中要施入充分腐熟的有机肥，定植前7d在翻耙地块的同时施入充分腐熟的有机肥30 000～37 500kg/hm²、平衡型复合肥600～750kg/hm²、过磷酸钙375～450kg/hm²。施肥后平整土壤，为之后作畦奠定基础。

三、播种技术

（一）播种时间

豇豆可以选择直接播种或者育苗移栽方式。通常情况下，早春茬选择育苗移栽，夏秋茬选择直接播种。每年4月中下旬，当地温达到12～14℃、连续晴天时可以直接播种。

（二）播种方法

播种前要作畦，其畦面宽度120～130cm，播种2行/畦，垄面宽度为70cm，沟宽为40cm，深度为25cm，在播种前要浇足底水，株距在30～33cm，深度在3cm左右，播种量3粒/穴。选择专用的机械设备播种，效率高。同时可选择人工点播方式，播种后覆盖地膜，在出苗前不需要浇水。豇豆是一种深根性作物，根部主要分布在深度15～18cm土壤中，耐旱不耐涝，选择畦垄栽培，防止田间积水。干旱后及时灌溉，降水后及时排水，增强土壤透气性，播种量为2～3株/穴，株距为35～40cm，行距为65～70cm。

四、田间管理技术

（一）及时破膜

针对覆膜地块，在幼苗出土时要及时破膜。

（二）间苗和补苗

在豇豆播种完成后，要及时了解豇豆出苗情况，初生叶片后可以间苗，保留健康秧苗2~3株/穴，缺苗位置要及时补苗和移苗。在大棚栽培中，可以提前培育幼苗进行补苗，确保秧苗同时生长，便于后期田间管理。

（三）幼苗期管理

出苗后一旦遇到高温天气要及时通风、降温，否则会导致幼苗萎蔫。10时揭开薄膜两端通风，16时及时覆盖薄膜，避免夜间温度过低。在幼苗期要做好追肥管理工作，当幼苗有4片以上的真叶时可以选择高氮高钾型水溶性肥45kg/hm^2，兑水15 000kg/hm^{2}左右，严格遵守肥料施用标准。

（四）肥水管理

在豇豆肥水管理过程中，应坚持以基肥为主、追肥为辅的原则，在前期做好控水工作，防止茎叶徒长，在后期及时追肥防止植株早衰。在豇豆秧苗期，结合苗情追施苗肥，施入尿素30kg/hm^{2}左右，并且适当蹲苗，防止秧苗前期徒长，促进开花结荚。在豇豆伸蔓期，施用高氮高钾型水溶性肥75kg/hm^2，兑水15 000kg/hm^2，每隔8~10d施用1次。当第一花序开始结荚时，应适当增加追肥量，保证水分充足。

在豇豆采收期，在第一次采收后要追肥和灌溉，选择三元复合肥10~225kg/hm^2，追肥2~3次即可。进入8月后易出现高温天气，该时期要尽早追肥，防止脱肥早衰。一旦遇到伏旱要科学灌溉，禁止大水漫灌。降水后要及时排除田间积水，避免出现烂根、落叶、落花的现象。

（五）插架引蔓

当植株长到 25~30cm 时，要做好搭架引蔓处理工作，选择竹竿作为高架，搭成"人"字形，高度为 2.2~2.3m，每穴插 1 根竹竿即可，适当向内倾斜，两根交叉并使用塑料绳扎紧，避免被大风吹倒。如果大棚种植豇豆，使用塑料绳吊在棚架铁丝上，在晴天引蔓上架即可。

（六）整枝、摘心、打杈

为确保豇豆健康生长，将主蔓 50cm 以下的所有侧枝摘除，促进主蔓粗壮，保证豇豆结荚率，降低病虫害的发生概率。另外，要做好抹芽处理工作，将主蔓第一花序以下各节位的芽全部抹除，避免与主蔓争夺养分和水分。做好主蔓打顶工作，当主蔓长到顶时，要及时打顶、摘心。

五、病虫害统防统治

豇豆主要病害包括根腐病、锈病、煤霉病和红斑病等，主要虫害包括豆荚螟和蚜虫，要分析各种病虫害的为害特征，坚持统防统治的原则，减少病虫害对豇豆产量和质量的影响。

（一）主要病害以及防控方法

1. 根腐病

豇豆植株染病后，根茎部和主根部会变成红褐色，解剖茎部后会发现维管束变成褐色，侧根会脱落、腐烂、死亡。该病的发生与土壤湿润、田间积水和偏施氮肥有着一定的关系。

播种前要做好土壤消毒工作，可选择木霉菌和芽孢杆菌等微生物菌剂消毒土壤。豇豆苗期选择枯草芽孢杆菌等微生物菌剂进行灌根和喷雾处理，但是不能与其他化学农药混合施用。在播种前可选择 2.5% 咯菌腈悬浮种衣剂 0.02kg，拌种 100kg。

2. 锈病

锈病为害叶片、叶柄和豆荚，尤其对叶片的为害较大，老叶先开始发病，患病部位出现黄绿色或者白色病斑，扩散之后出现多个黄色斑点，导致叶片提前脱落，致使植株死亡。锈病在豇豆生长中后期易出现，尤其易发生在排水不良和种植密度大的种植地。

为此，要选择抗病能力强的品种，采取轮作倒茬制度，选择与豆科类作物轮作 2~3 年；合理控制栽植密度，及时排除田间积水，修剪患病叶片并统一烧毁处理；用药喷洒防控，在降水后可选择多菌灵可湿性粉剂 1 000 倍液，能够起到很好的预防作用；发病初期及时用药，选择 50%硫黄悬浮剂 200 倍液，控制好施用量，每隔 10~15d 用药 1 次，坚持用药 2~3 次，喷洒重点部位，轮换交替用药效果显著。

3. 煤霉病

煤霉病又被称为叶霉病，对叶片的为害较大，从下部向上部蔓延。发病初期会出现不明显的黄绿色病斑，扩散后逐渐变为紫红色斑块，一旦田间湿度过大，患病部位的表层会出现灰黑色或者暗灰色的烟煤状霉层，严重时会造成叶片萎缩和干枯脱落。在高温、高湿、降水较多的田块易发病。为此，要做好田间施肥管理工作，控制好有机肥的施用量，增施磷肥和钾肥。

4. 红斑病

红斑病主要出现在植株下部老叶上，之后向上部蔓延。发病前期会造成叶片枯萎、脱落，发病后期叶片背面和正面会出现斑点，茎蔓染病后会出现不规则或者多角形的病斑，对豇豆的质量影响较大。通常在秋季多雨的连作地块上易发病。

(二) 主要虫害以及防控方法

1. 豆荚螟

豆荚螟会蛀食嫩芽、花和豆荚，导致叶片脱落严重。进入豆荚内部会排泄粪便，造成荚果变形，影响豇豆的产量和质量。

为此，可选择物理防控技术，结合豇豆种植面积安装杀虫灯，或者使用性信息素诱捕器诱杀豆荚螟成虫，可减少对生态环境的破坏；在设施栽培中可覆盖防虫网，减少虫源数量；药剂喷洒防控效果较好，选择20%氯虫苯甲酰胺乳油1 500倍液，每隔5~7d用药1次；利用生物防控技术减少对生态环境的破坏，虫口密度低时可选择苏云金杆菌等进行防控，以提高豇豆产量。

2. 蚜虫

蚜虫主要吸食嫩叶和嫩茎的汁液，造成叶片变黄或者卷曲，使得植株矮小，影响豆荚质量，同时蚜虫会传播其他病害。在日常管理中，利用蚜虫趋色性选择覆盖银灰色地膜或者悬挂黄色诱虫板，其中悬挂黄色诱虫板450 张/hm^2；施用10%啶虫脒可湿性粉剂1 000倍液预防，每隔7d用药1次，连续用药2~3次；发生虫害后，可以释放瓢虫或者寄生蜂，可减少蚜虫基数。

六、收获及贮藏

开花后12d左右是嫩荚最佳采收时期，荚果饱满、粗壮均匀，有很高的商品价值。过早采摘导致商品质量下降，应合理控制采摘时间，选择在清晨或者傍晚采收。此外，要保护好豇豆花，防止落花，不能连同花柄一同摘下。豇豆盛荚期可1d采收1次，后期可每隔1d采收1次。只有分批采收才能保证豇豆的商品价值。

刚刚采摘的新鲜豇豆，应急时保鲜收藏，一般采用塑料袋密封保鲜。温度应保持在10~25℃，温度过低，烹饪出来的味道很差，也炒不熟；温度过高，会使豇豆的水分挥发太快，形成干扁空壳，影响烹饪的味道，也容易腐烂变质。

第六节 红小豆

一、播前准备

(一) 整地施肥

红小豆适应性强，对土壤质地要求不严，但怕涝，忌重茬和迎茬，不适宜与其他豆科作物轮作，前茬应选择 3 年未种过豆科作物的玉米茬或小麦茬。高产栽培应选地势较高且平坦、耕层厚且肥沃的壤土。红小豆出土能力较弱，整地时，要求深耕或旋耕灭茬，耕深 15～20cm，耙耱平整、耕层土壤细碎、疏松，无杂草，畦面平整。结合整地，每亩施腐熟有机肥 1 000～1 500kg、尿素 10～15kg、过磷酸钙 30～35kg、硫酸钾 6～8kg。

(二) 品种选择

选用直立生长、有限结荚习性、大粒、色泽鲜亮、商品外观优良、抗病性强、抗倒性较好的高产品种。

(三) 种子处理

播前选种，剔除不饱满、秕粒、有病、带菌及霉变的籽粒，要求籽粒饱满，大小均匀一致。把选好的种子晒 1～2d，提高种子活力，增强发芽势。用多菌灵按种子重量的 0.2%～0.5%进行药剂拌种，防苗期病害。

二、播种

(一) 播期

红小豆适播期较长，根据当地气象情况和茬口抢墒播种，预防播后大雨造成不出苗或出苗不均匀。春播在 4 月下旬至 5 月下旬；夏播 6 月上旬至 7 月上旬，最迟不能晚于 7 月 10 日。

（二）播种方式

红小豆播种方式有穴播、条播和点播，机械条播或点播时，要防止覆土过多。播深 3～5cm，行距 40～50cm。零星种植大多为穴播，每穴 2～3 粒，行距 40～50cm。

（三）播量

条播每亩播量 2～2.5kg。早熟品种宜密植，中晚熟品种宜稀植；春播宜密，夏播宜稀；低肥水地块宜密，高肥水地块宜稀植。

三、田间管理

（一）播后苗前除草

在红小豆播种后出苗前，要及时进行土壤封闭处理，防苗期杂草。每亩用 72% 金都尔乳油 100～150mg，兑水 50kg 均匀地面喷雾，也可采用施田扑、扑草净等封闭性除草剂。

（二）间苗定苗

间苗宜早不宜迟，齐苗后，在第一复叶展开后开始间苗，要间弱留强、间杂留纯。

第二复叶展开后定苗，按要求密度均匀留苗，同时查苗、补苗，实现苗全、苗壮。春播每亩留苗 0.8 万～0.9 万株，夏播每亩留苗 0.7 万～0.8 万株。

（三）中耕锄草

出苗后遇雨，应及时中耕锄草，破除板结。全生育期要中耕 2～3 次，封垄前最后一次结合中耕进行培土。在杂草 2～3 片叶前要进行化学除草，每亩用 10% 精禾草克乳油 40～75mg 和 10% 乙羧氟草醚粉剂 10g，兑水 50kg 均匀喷雾。红小豆对化学除草剂敏感，化学除草应定向行间进行均匀喷雾。

（四）肥水管理

红小豆苗期需水量不多，不宜浇水，以防徒长。

花荚期需水量大，水分不足易引起花荚脱落。如遇干旱，始花期需灌水1次，以促荚数和粒数；在结荚期再灌水1次，以增加粒重并延长开花时间。红小豆耐涝性差，怕水渍。若雨水较多，要及时排水防涝，叶面喷施矮壮素防徒长。高肥力地块或施足基肥的情况下，红小豆生长期内可不追肥。前期缺肥，在初花期每亩施复合肥或磷酸二铵10kg；后期缺肥，可进行叶面施肥，叶面喷施0.3%~0.4%磷酸二氢钾。

四、病虫害统防统治

红小豆常见病害有立枯病、根腐病、病毒病、白粉病、锈病、叶斑病等，采取种子处理、拔除田间病株和药物防治。用50%多菌灵按种子重量的0.2%~0.5%进行药剂拌种防治立枯病、根腐病；用75%百菌清可湿性粉剂600倍液，或用50%多菌灵可湿性粉剂600倍液喷洒，可防治白粉病、锈病和叶斑病。常见虫害为地老虎、蚜虫、红蜘蛛、黏虫、棉铃虫、斜纹夜蛾、甜菜夜蛾、斑潜蝇、豆荚螟和食心虫等。采用50%二嗪磷乳油2 000倍液、20%氰戊菊酯乳油1 500倍液等进行地表喷雾，防治地老虎1~3龄幼虫；用25%啶虫脒乳油1 500倍液喷雾防治蚜虫，兼治飞虱、蓟马；用0.5%阿维菌素乳油1 500倍液防治红蜘蛛、斑潜蝇；防治黏虫、豆荚螟、夜蛾类害虫，可用福奇2 000倍液喷雾。提倡生物防治，杜绝高残留农药施用。

五、收获与贮藏

植株有60%~70%的豆荚成熟后，要适时收摘，以后每隔6~8d收摘1次；或植株有80%以上的豆荚成熟时一次性收获。收获的豆荚应及时晾晒、脱粒、清选、熏蒸后，贮藏于冷凉干燥处。

如果需要长期保存，可以将拣去杂物的红小豆摊开晾晒，以一定量的单位装入塑料袋中，再放入一些剪碎的干辣椒，密封起来。并将密封好的塑料袋放置在干燥、通风处。

第七节 芝 麻

一、种植地选择

芝麻作物属于一年生草本植物，喜温喜湿，对土壤含水量较为敏感，因此在选取芝麻作物种植地的过程当中，应综合考量当地年均降水情况、地块排水性能、地势情况以及光照情况等具体指标，综合分析芝麻新品种与种植地块之间的适应性，提高芝麻产量。

二、整地与施肥

在芝麻生长阶段，一些地块的含水量、透气性可能难以满足栽培要求，成活率与产量较低，影响了芝麻栽培效益。有的栽培地土层结构、内部养分含量较差，养分供应不充分、不及时，同样不利于芝麻健康成长。因此，为了使芝麻产量规模、产量稳定性以及籽粒质量都能够达到预期要求，有关人员应做好整地与施肥工作，使芝麻栽培土壤条件能够达到预期要求，促进芝麻作物产量不断提高。

（一）整地

通过翻耕、旋耕、开沟等方式对地块进行处理，打碎大土块，减少地块板结对芝麻生长造成的影响，提高土层疏松度与透气性。此外，由于芝麻生长过程中对于积水的耐受能力较弱，因此在年均降水量较高的地区，应当在整地的同时做好排水渠、排水沟等设施的开挖工作，使田间积水及时排除，减少其对芝麻正常生长造成的影响。

（二）施肥

相较于其他经济作物而言，芝麻生长期较短，需肥量较大，因此在整地过程中应做好基肥施加工作。底肥施三元复合肥（15：15：15）450kg/hm² 左右、硫酸锌 15kg/hm²、硼砂 3kg/hm²；有条件可配合施农家肥 15 000～30 000kg/hm²，播前结合整地将肥料翻埋在土中。

三、种子包衣处理

通过运用种子包衣技术，能够有效防治芝麻苗期的病虫害，有效提高芝麻生长速率，提高芝麻产量。

在种子包衣处理的过程中，需要关注以下内容。

一是芝麻种子包衣处理过程中，应明确种植地块的土质特征，减少外部环境对包衣剂效果的影响，降低包衣剂在土壤中的分解速率，使其更好地实现预期处理效果。

二是目前芝麻种子处理所使用的适乐时等包衣剂具有一定的毒性，因此应当做好现场管理工作，严格做好人员防护，避免在种子包衣处理过程中进食、饮水等。在包衣处理完毕后，还应及时清洗相关容器，避免包衣剂对环境产生影响。

三是在芝麻种子拌种与包衣处理过后，应避免阳光暴晒或水浸，以免种子表面药剂分解，从而降低药效。在种子包衣处理后，需要将其放于阴凉处静置，减少外界环境对芝麻种子包衣或拌种处理产生影响，进一步发挥药剂在苗期病虫害防治以及养分供应等方面的效果。

四、合理选择播种时机

芝麻是喜温喜湿的草本经济作物，合理选择播种时机，对提高芝麻生长过程中的光合作用效果、提高芝麻有机质积累速度具有重要意义。因此，为了适应芝麻优质新品种在产量、稳定性以及抗逆性等方面的特点和要求，应当合理选择作物播种时机以及播种周期，使光、水、热等生长条件符合芝麻生长要求，促进其产量与质量提高。

在合理选择播种时机的同时，应尽可能遵循宜早勿晚的原则，使播种地的水、热环境条件能够为芝麻生长提供更加充分的养分支持。一般来说，按照区域差异，可将芝麻播种时机分为春播期与夏播期2个不同阶段，应综合考量芝麻新品种特性以及播种地水、热条件等要素，合理选择播种时机，为提高芝麻的质量、产量及其抗逆能力提供支持。

五、田间管理

芝麻的田间管理分3个时期：苗期、花蒴期、生长后期，3个时期的生长发育特点不同，田间管理的主攻目标也不同。

芝麻苗期以营养生长为主，茎、叶生长较慢，根系吸收能力低，幼苗顶土能力差，既怕草荒，又怕苗荒，既怕水渍又怕干旱。因此，苗期管理的主要任务是：创造良好的环境条件，保证苗全、苗匀，壮苗早发。

芝麻花蒴期是营养生长和生殖生长并进的旺盛生长时期，需要充足的养分、水分等。主要管理任务是：力争延长有效花期，争取蒴多、蒴大，防倒伏、防早衰、防涝、防旱。

芝麻生长后期，植株各器官的营养物质迅速向蒴果运输、转化和积累。该期营养生长停止，以生殖生长为主。主要任务是：保根护叶，力争蒴大、粒饱、含油率高。

（一）芝麻苗期管理

（1）破除板结、查苗补缺。芝麻幼芽顶土力差，播后遇雨转晴后，要及时用锄头松土或横耙破壳，严防土壤板结，发现有缺苗断垄现象时，要催芽补种。

（2）间苗定苗。一般在1对真叶时间苗，2~8对真叶时定苗。间苗和定苗时要求做到，留壮、留匀，不断行、不缺棵。如因苗差或耙地折损幼芽，造成缺苗时，要结合定苗进行疏密补缺，力争全苗。

（3）早施苗肥。土壤瘠薄、底肥施用不足或晚播的夏芝麻，幼苗长势弱，应尽早追苗肥。每亩可用硫酸铵15kg和过磷酸钙17.5kg混合后施用，增产效果显著。如土壤肥沃、底肥充足、幼苗健壮，可不施苗肥。

（4）中耕松土。芝麻开花前一般要求中耕3遍，即所谓的"紧三遍"，是芝麻中耕的关键。中耕3遍的时间分别是：1对真叶时第一次中耕，深度要浅，目的在于除草保墒；2~3对真叶时第二次中耕，深度为5~8cm；4~5对真叶时第三次中耕，深度为8~10cm。

（5）注意排灌。芝麻苗期需水量小，土壤水分过多不利于芝麻的生长发育。因此要注意排水，做到既无明水，又滤暗水。但土壤中水分也不能过少，当田间持水量低于60%时，应当轻浇，浇后及时中耕。

（6）防治病虫害。芝麻苗期病虫害主要有立枯病、青枯病和蚜虫、地老虎等。病害除靠轮作、种子处理防治外，苗期多中耕，提高地温，培育壮苗，也可以增强抗病力，减轻为害。防治蚜虫，可用10%吡虫啉可湿性粉剂200倍液或50%抗蚜威2 000倍液或50%敌百虫乳油900倍液均匀喷施；防治地老虎，在3龄前可利用其在芝麻上群居为害的习性喷药杀死，3龄以后可用毒饵诱杀。

（二）芝麻花蒴期管理

（1）重施花肥。芝麻进入开花期即开始大量吸收养分，因此，现蕾后应追施足够的肥料，以满足旺盛生长时期的需要。现蕾后追施花肥增产效果显著。据试验，花期每亩施硫酸铵和过磷酸钙各7.5kg，比对照增产10%以上。

（2）中耕培土。花蒴期勤中耕、浅中耕，能改善土壤透气性，有利于肥料分解，促使根系健康生长。芝麻是浅根农作物，随着地上部的增长，也增加了根系的支撑重量，往往会发生倒伏。因此，进入花蒴期以后，在每次中耕的同时，要培土固根，防止倒伏。

（3）抗旱排涝。花蒴期是芝麻一生中需水最多的时期，也是决定植株高矮的关键时期。在该期内，芝麻对水分反应非常敏感，既不能忍受长期的干旱，更不能抵抗短期的水涝或渍害。此期已进入雨季，各地雨量分布不均，常出现间歇性旱涝灾害，对芝麻蒴数、粒数和粒重都有很大影响。因此，要求做到适时浇灌和排水，保持土壤湿润疏松。

（三）芝麻生长后期管理

（1）适时打顶。芝麻具有无限结蒴习性，茎秆顶端有一部分花蕾不能形成蒴果，一些蒴果内的种子不能成熟，形成"黄稍尖"，消耗养分。如果能及早把这一部分稍尖去掉，使养分集中于中下部的蒴果，可以提高芝麻的产量和品质，芝麻适时打顶一般增产10%左右。打顶时间在芝麻"封顶"以后，茎秆顶端生长衰退，由弯变直，即所谓"芝麻抬头"的时候。打顶的适宜长度约3cm。

（2）保护叶片。芝麻上部叶片是后期进行光合作用的重要部分，对促进籽粒饱满、提高含油率有重要作用，生产中，应大力宣传芝麻"打顶不打叶"的好处。

（3）水分管理。芝麻封顶以后，耗水量减少，保持土壤适宜含水量和透气性，充分发挥根系功能，有利油分形成和积累。遇旱时，要适当灌水，以防早衰和籽粒不饱，灌水时，采用小水沟灌，灌后适墒中耕，保持土壤通透性，切忌大水漫灌。如遇秋涝，要及时排水。

六、病虫害统防统治

（一）茎点枯病、枯萎病、立枯病

对于茎点枯病，可采用70%甲基硫菌灵可湿性粉剂600倍液灌株，每株 200~250mL 药液，也可用 1：1：150 波尔多液在芝麻结顶前和结顶后喷雾防治。对于枯萎病，采用 50% 多菌灵可湿性粉剂或 70% 甲基硫菌灵可湿性粉剂 600~800 倍液浇灌病株，每株 250mL，10d 1 次，连续 2~3 次。对于立枯病，可用 20% 甲基立枯磷乳油 800 倍液或 50% 敌克松原粉 800~1 000 倍液喷雾防治。

（二）疫病

在病害发生初期，可用 1：1：100 波尔多液或 0.1% 硫酸铜液或 64% 杀毒矾可湿性粉剂 800 倍液或 58% 甲霜灵锰锌可湿性粉剂 800 倍液喷雾防治。

（三）青枯病

酸性土壤，适当增施生石灰和草木灰，调节土壤 pH 值。病害零星发生时，拔除病株，并用生石灰对病穴消毒，发病始盛期前，可采用 50% Dt 杀菌剂喷雾，也可用 10% 双效灵水剂 400 倍液灌株，每株 250mL，7d 1 次，连续 2~3 次。

（四）芝麻螟蛾

芝麻螟蛾在初花期至收获前均有发生，但在盛荚期较多，为害重。可掌握幼虫盛发期，亩用 3% 凯欧 2~3 包，或用 90% 敌百虫 800~1 000 倍液，每亩喷药液 50kg 左右。

（五）地老虎

糖醋液诱杀成虫。在田间设置糖醋盆，盆深 3cm，直径 25cm 左右，盆内糖醋液成分比例为：白酒 1 份，水 2 份，糖 3 份，醋 4 份，90% 晶体敌百虫 5g，能够诱杀部分成虫。

毒饵诱杀。90% 晶体敌百虫 0.5kg，加水 2.5~5kg 与切碎的鲜菜叶拌成毒饵，于傍晚隔一定距离放在作物行间，诱杀幼虫。

喷雾。在幼虫 3 龄前，采用 2.5% 溴氰菊酯乳油或 20% 速灭杀丁乳油 1 500~3 000 倍液或 50% 辛硫磷乳油 1 000 倍液喷雾。

（六） 蚜虫

在 10% 植株有蚜，植株幼苗期百株平均蚜量 150 头左右，成株期百株平均蚜量 500～1 000 头时，施药防治，常用 2.5% 溴氰菊酯乳油或 20% 杀灭菊酯乳油 8 000 倍液喷雾。

七、机收减损及贮藏

（一） 收获适期

芝麻绝大多数品种是无限花序，花期较长，植株不同部位的蒴果形成和成熟期很不一致。当基部蒴果已经成熟，甚至开裂时，上部蒴果往往尚处于籽粒灌浆期，如收获时期过早，植株上部蒴果种子灌浆不充分，籽粒不能完全充实，未成熟的籽粒所占的比例高，籽粒的品质差；收获过迟，植株下部蒴果田间炸裂落粒损失大，产量低，遇雨还会出现籽粒在蒴果中发芽，损失更严重，造成丰产不丰收。所以，掌握成熟时的特点，确定芝麻成熟时的标志和适合的收获方法，减少籽粒损失，对提高产量和品质，最大限度地获得高产，有十分重要的作用。

（二） 芝麻收割、脱粒及安全贮藏

一般春芝麻 8 月中下旬收获，夏芝麻 8 月下旬至 9 月中旬收获。芝麻出现成熟特点时，应尽快收获，且应在早晨收割，做到熟一块，收一块，熟一片收一片，保证丰产丰收。

芝麻采收。手工收获，一般以镰刀轻割较好。收获部分提前裂蒴植株时，必须携带布单或其他相应物品，以便随割随收裂蒴的籽粒，以减少落籽损失。

镰刀收割一般在近地面 3～7cm 处斜向上割断，收获后捆成直径 15～20cm 的小捆及时晾晒，切忌大垛闷，避免因闷大垛造成芝麻品质下降，甚至造成霉变，保证芝麻丰产丰收。

芝麻安全贮藏。收获后的芝麻要及时晒干扬净，去除杂质，使种子含水量保持在 7% 左右为好，最高不超过 9% 再入库贮藏。

主要参考文献

樊景胜，2021. 农作物育种与栽培 ［M］. 沈阳：辽宁大学出版社 .

黄少学，王芙兰，2016. 主要农作物栽培技术 ［M］. 兰州：甘肃科学技术出版社 .

王长海，李霞，毕玉根，2021. 农作物实用栽培技术 ［M］. 北京：中国农业科学技术出版社 .